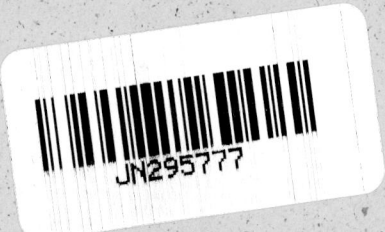

Diamants et pierres précieuses
宝石は、貨幣が誕生するはるか以前から、
商品の交換手段として用いられ、いつの時代も重宝されてきた。
その経済的価値に加え、美しさと輝きによって、宝石は揺るぎなき地位を
獲得してきたのだろう。(略)宝石は不思議な力を持ち(略)
それを所有する人間は、ときに権威を手にすることさえ可能だった。
宝石の歴史
パトリック・ヴォワイヨ 著
ヒコ・みづの 監修
遠藤ゆかり 訳
「知の再発見」双書127
SG 絵で読む世界文化史

日本語版監修者序文

ヒコ・みづの

「宝石」，私はこの言葉を聞くと何とも言えない感慨に打たれてしまう。

みなさんもこんなことを思って欲しい。

ダイヤモンドやエメラルド，ルビーなどのあの光り輝く色とりどりの宝石たち。これらはすべて地球の内部より取り出されてくる。しかし考えてみると，これだけの美しさと輝きと硬さを持った物質を地球がつくり出さなくてはならない理由は一つもない。なぜなら，これらの美しさを評価できるのは人間だけだからだ。

猿を代表として，どの動物もどんな昆虫もこれらを評価し，楽しむことはしない。宝石たちがすべて不透明の灰色の石だとしても，動物たちは一向にかまわない。宝石をつくっている地球自体も美しいものをつくっているのだ，という自覚もない。

それなのになぜあのように美しき宝石たちが出現してくるのか，まったくすごいことだと思う。

しかし，人類はこの偶然をしっかりと捉え，原石からあのような輝きを持った宝石にまで研磨してしまうのだ。

そして，もうひとつの摩訶不思議な鉱物，銀や金，プラチナと組合せ，人間を飾るジュエリーにつくりあげて，それに思い出を込めてしまうのだ。

　どんなに宝石が大切にされたかでは，忘れられない石がある。約３センチ×１センチ幅で厚みは約８ミリある，かんらん石のペンダントだ。ペンダントというより，小さなグリーン色の石の塊の右上に穴をあけた，と言った方が正しい。これは，北海道の青函トンネルの入口近く１万3000年前の遺跡から発見されたものだ。駅で言うと，津軽海峡線の木古内駅の近くだ。

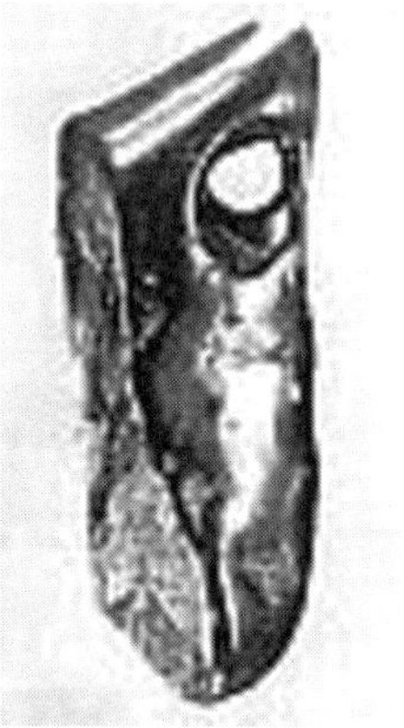

原始時代のジュエリーとして重要文化財に指定されている（北海道知内町郷土資料館所蔵）

　かんらん石と言えば鉱物名だが，それが透明な黄緑色の石になってくると，ペリドットという名の宝石になる。

　このペンダントは，透明度は高くないが，原石そのままの形でとても丹念に磨かれている。かんらん石は硬度もあるので，膨大な時間がかかっただろうし，身につけてからもしばしば磨いていたと思う。日本の古代史上，この遺跡は最古のお墓と言われており，この石の他にも琥珀や，穴をあけた石が一緒に発見されている。

この石は，実は，当時も日本では採取できず，ロシアのシベリアで採れたものだと言われている。1万3000年以前は大陸と日本は地続きだった，というよりアジア大陸の太平洋岸が日本だったのだ。当然多くの動物達と一緒に人類も渡ってきた。そのころに持ち込まれたものだろう。

シベリアから来た人類，その人が身につけたまま移動してきたのか，あるいは何十年も子孫に受け継がれてきたものなのか。いずれにしても，1万数千年前に，今の宝石のメンタルな面（それは主に思い出だが）が，もう存在していたことを示すものだ。はるばるシベリアから行を共にし，日本に来てからもどういう運命をたどったのか計り知れない。

地球上には，こういう宝石が数知れずある。私たちにだって，これは失くせないという宝石がひとつや二つはある。

これらのうち，古代よりこの地球上にある有名な由緒ある宝石について書かれたのがこの本だ。

宝石は，最初に書いたようにまったく偶然に，そんな必然性はまったくないのに，地球が生み出した物質だから，それにまた，人類が囚われたのも不思議はない。むしろ，振り回されてきた，と言った方が正しいかもしれない。

人類が存在してなかったら，宝石は全く今の価値を与えられていない。しかしまた，それ故に人類はこれを得，これを奪い，これを所有することに躍起となってきた。それが人間と宝石の歴史なのだ。

人間の愚かさ，馬鹿さ加減は，宝石の歴史の中に特にあらわにされている。

私たちは，この本によって宝石を理解するだけでなく，私たち人間をも正しく認識していくことができる。その意味でもこの本によって，宝石と人間の関わりを深く知って欲しいものだ。

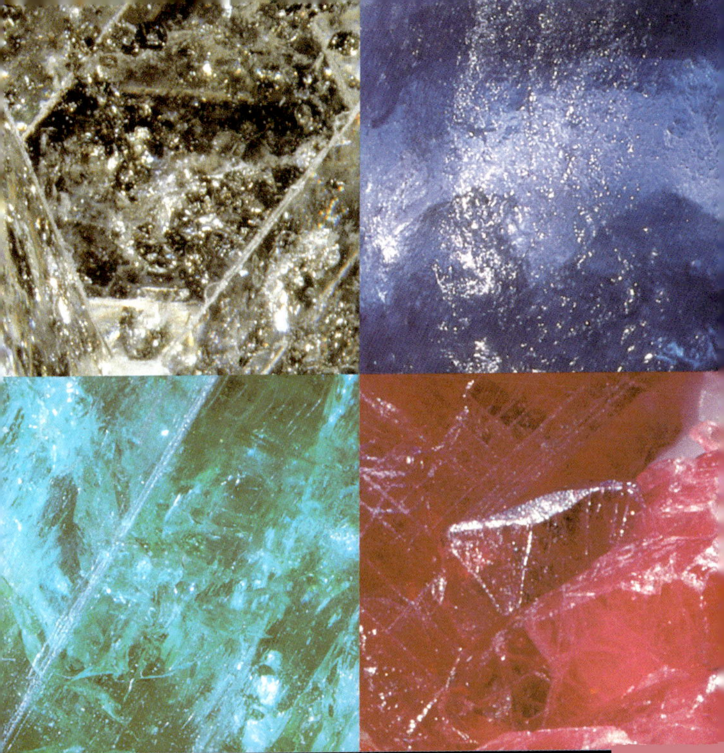

宝石の原石（左上：ダイヤモンド／左下：エメラルド／右上：サファイア／右下

母岩中の
ダイヤモンドの原石

「リージェント」1717年にフランスの摂政オルレアン公が獲得したダイヤモンド（ルーヴル美術館　蔵　パリ）

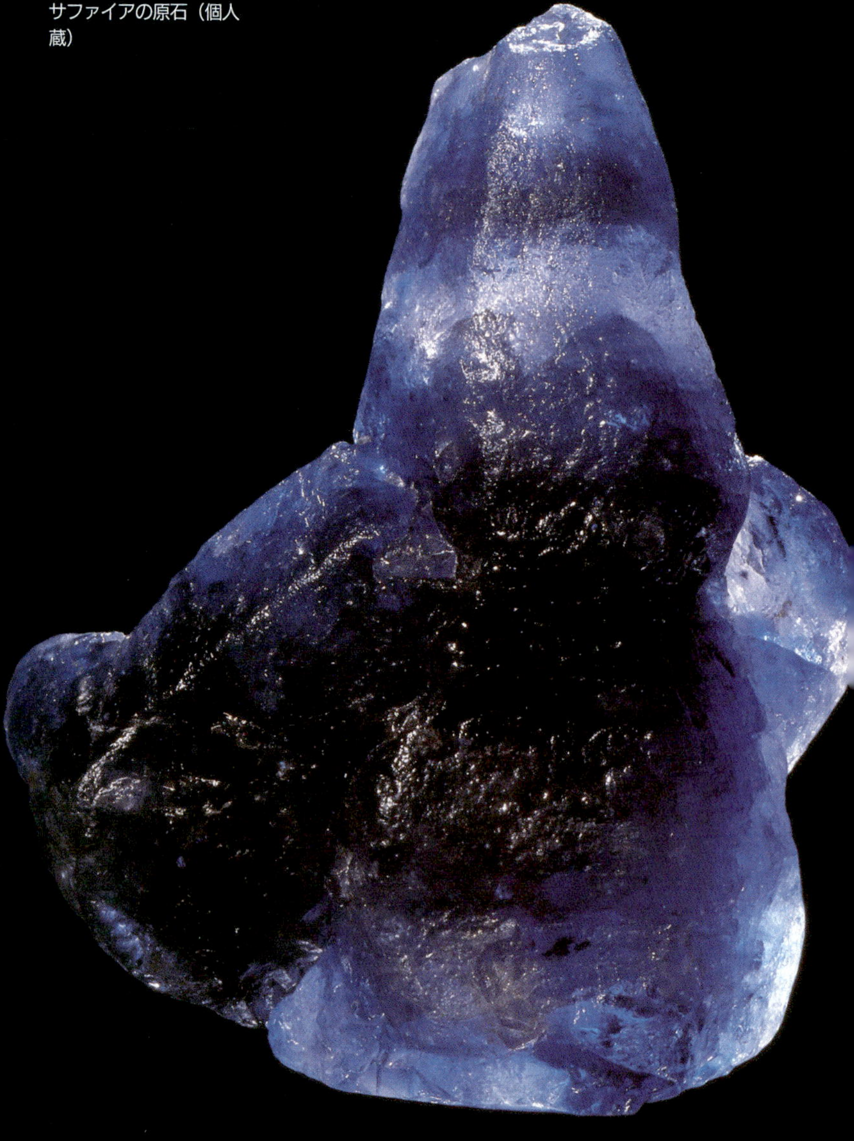

スリランカ産の
サファイアの原石（個人
蔵）

「ローガン・サファイア」
（スリランカ産　スミソニアン博物館蔵　ワシントン）

コロンビア産の母岩中のエメラルドの原石（国立高等鉱山学校蔵　パリ）

「フッカー・エメラルド」
（スミソニアン博物館蔵
ワシントン）

アフガニスタン産の母岩中のルビーの原石（個人蔵）

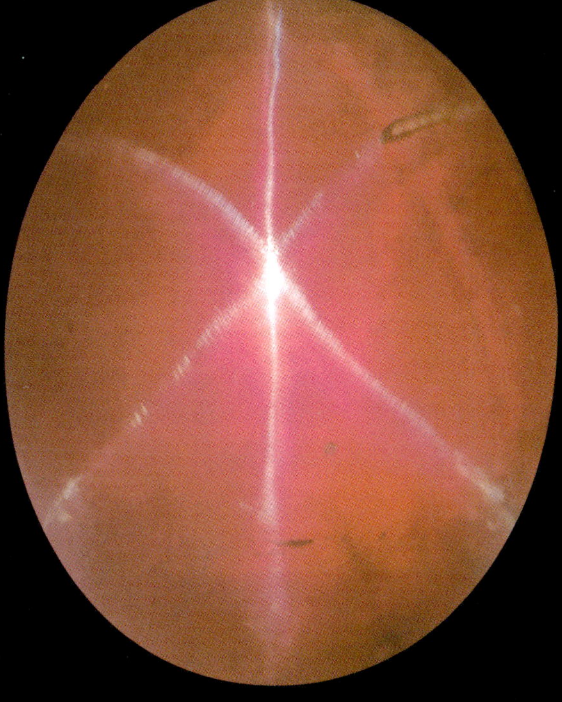

スリランカ産の「ロサー・リーヴス・スター・ルビー」（スミソニアン博物館蔵　ワシントン）

CONTENTS

宝石の歴史

パトリック・ヴォワイヨ❖著
ヒコ・みづの❖監修

「知の再発見」双書127

創元社

❖「宝石は，貨幣が誕生するはるか以前から，商品の交換手段として用いられ，いつの時代も重宝されてきた。その経済的価値に加え，美しさと輝きによって，宝石は揺るぎなき地位を獲得してきたのだろう。（略）宝石は不思議な力を持ち，（略）それを所有する人間は，ときに権威を手にすることさえ可能だった」。　コルネリア・パーキンソン『石の魔力』（1991年）

第１章

謎めいた起源

〔左頁〕伝説上のダイヤモンドの谷――この谷の底には大量のダイヤモンドが落ちており，ヘビとワシがそれを守っていると伝えられていた。

⇨方解石《ほうかいせき》の中に姿をのぞかせているエメラルドの原石――鉱山から採掘されたときは，このような形をしている。

自然の生んだ奇跡

　手触りが良く，神秘性に満ち，個性的な形と，うっとりするような色彩をもつ……。そんな「宝石」に，大昔からずっと，人類は魅了されてきた。なかでも，自分たちの土地から宝石が出土しない古代ヨーロッパの人びとは，すっかり宝石に心を奪われ，それに象徴的な意味をあたえるようになった。そしてさまざまな色の宝石は，同じ色をした人間の臓器に働きかけ，病気を治すものと考えられるようになった。たとえば赤いルビーは血液の病気を，緑のエメラルドは目の病気を治すといった具合に。現在でも，宝石の粉末を含んだ薬が調合されたり，ストーンセラピー（石療法）のおだやかな治療法が，爆発的な流行を見せたりすることがある。

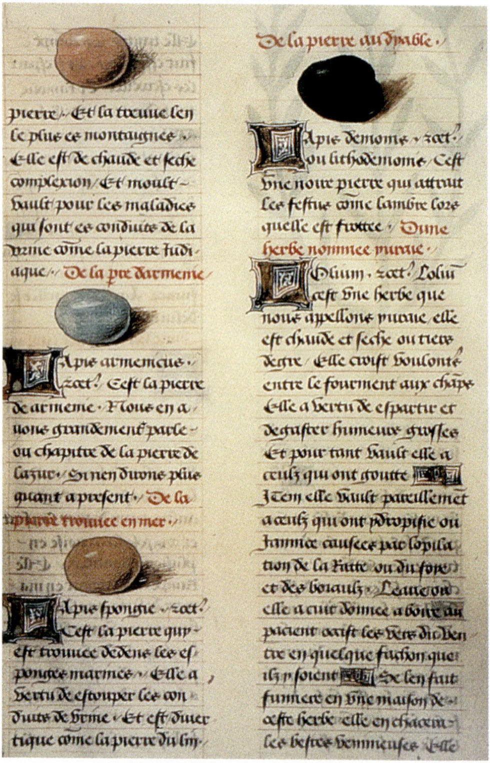

pierre. Et la treuue len
le plus es montaignes.
Elle est de chaude et seche
complexion. Et moult
vault pour les maladies
qui sont es conduits de la
vrine come la pierre iudi
aque. De la pre darmenie

Lapis armenicus.
ect. Cest la pierre
de armenie. Nous en a
uons grandement parle
ou chapitre de la pierre de
lazur. Si nen dirons plus
quant a present. De la
pierre trouuee en mer.

Lapis spongie. ect.
Cest la pierre qui
est trouuee dedens les es
ponges marines. Elle a
vertu de estouper les con
duits de vrine. Et est diuer
tique come la pierre du lin

De la pierre au dyable.

Lapis demonis. ect.
ou lithodemonis. Cest
vne noire pierre qui attrait
les festus come lambre lors
quelle est frottee. Dune
herbe nommee iuraie.

Lolium. ect. Lolium
cest vne herbe que
nous appellons iuraie elle
est chaude et seche ou tiers
degre. Elle croist voulonti
ers entre le fourment aux champs
Elle a vertu de espartir et
degaster humeurs grosses
Et pour tant vault elle a
ceulx qui ont goutte
Item elle vault pareillemet
a ceulx qui ont ydropisie ou
Jaunisse causees par opila
tion de la ratte ou du foye
et des boiaulx. Leaue ou
elle a cuit donnee a boire au
pacient occist les vers du ven
tre en quelque facon que
ilz y soient. Se len fait
fumiere en vne maison de
ceste herbe elle en chacera
les bestes venimeuses. Elle

⇧15世紀の文書に記された石の効能――アルメニアの石，軽石，悪魔の石などの，それぞれの効能が記されている。このような，石に病気を治す力があるという考えは，西洋医学にも，アーユル・ベーダとよばれるインド医学にも存在した。もっと古い時代では，メソポタミアの粘土板に，首飾りにして身につければ治療に役だつ石のリストが刻まれている。

　人びとはまた，宝石の色を特定の自然現象と結びつけて考えてきた。たとえばダイヤモンドの半透明な白は光を，エメラルドの緑は季節と生命の再来を，ルビーの赤は火を，サファイアの青は空を象徴するものとされた。また，おもな宗教においても，その極端な希少性と聖なる特質を持つという理由で，宝石は霊的な価値を示すシンボルとして聖典のなかに記述されてきた。というのも，ヨーロッパでは15世紀まで，宝石は採掘された場所がわからないまま，世界の果てから商人や使者たちによって「奇跡的」にもたらされたものであり，そのため，「聖なるもの」とみなされていたからである。

旧約聖書では，大祭司アロンの祭服を12種類の宝石が飾り，それぞれの石にはイスラエルの族長ヤコブの息子たちの名前が刻まれていたとされる。エメラルドにはルベン，サファイアにはダン，ルビーにはナフタリの名が彫られていたとされるが，この12種類の宝石のなかにダイヤモンドは含まれていない。

新約聖書には，イスラエルの城壁の土台が宝石で飾られている様子が描かれており，そのなかにはエルサレムの高い道徳性を象徴するエメラルドとサファイアが含まれている。一方，イスラム教では，メッカにあるカーバ神殿にはめこまれた聖なる黒石が，もともとはルビーだったと伝えられている。

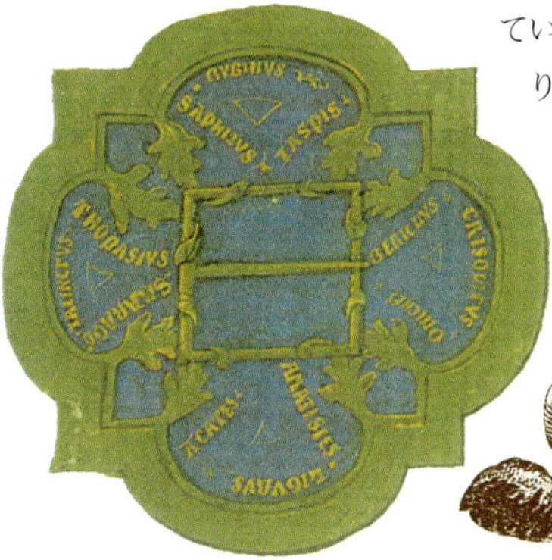

⇩祭服を着たユダヤの大祭司アロン――正方形の布地でできた「裁きの胸当て」（左はその部分）は，12種類の宝石で飾られている。

宝石のランク

細工術が発達し，宝石の加工が芸術の域に達したのは，中世になってからのことである。14世紀から15世紀にかけて宝石細工術は洗練され，16世紀末には，アウクスブルク（ドイツ）のフッガー家やウェルザー家，フィレンツェ（イタリア）のメディチ家やストロッツィ家のように，莫大な富を持つ銀行家たちが，驚くほどたくさんの宝石を収集するようになった。

だが，現在もっとも人気のあるダイヤモンドや，エメラルド，ルビー，サファイアなどが，いつの時代も，またどの土地でも高級な宝石とされていたわけではない。古代ギリシア・ローマでは，トルコ石，ラピスラズリ，アメジスト，ジャスパー，カーネリアンが特別な石とされた。中国と，ヨーロッパ人が到着する以前のメキシコでは，ヒスイが珍重された。ローマでは，サファイアとエメラルドは好まれていたが，ダイヤモンドとルビーはほとんど関心を持たれていなかった。

ダイヤモンド，エメラルド，ルビー，サファイアが正式に4大宝石として認められたのは，20世紀になってからのことである。フランスでは1968年11月29日の政令により，この4つの石が特別に価値の高い「貴石」と定められている。

⇖戦士が描かれた耳飾り――現在は宝石に次ぐ準宝石とされている石にも，非常に高い価値があると考えられていた時代があった。左は，金とラピスラズリでできたプレ・コロンビア（コロンブス以前）時代の耳飾り。

ダイヤモンド――「無敵の石」

宝石の王者ダイヤモンドも，つねに重宝されていたわけではない。ダイヤモンドがはじめて歴史に姿をあらわすのは，紀元1世紀のことである。古代ローマの博物誌家，大プリニウスは『博物誌』のなかで，ダイヤモンドをあらわす言葉として，「征服されないもの」とか，「無敵のもの」を意味するギリシア語の「アダマス」を使っている。彼は，ダイヤモンドは地上でもっとも貴重な品であり，非常に古い時代からその硬さで知られ，ハンマーでたたいても割れず，火でも焼けないとしている。

⇧セイレン（人魚）をかたどったペンダント――ルビーと真珠でできたこのペンダントは，メディチ家のコレクションのひとつである。フィレンツェの彫刻家ベンヴェヌート・チェリーニによると，当時1カラットのルビーは同じ重さのエメラルドの2倍，ダイヤモンドの8倍の価格だったという。

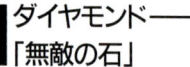

⇧金銀細工師の仕事場を描いた絵画。

〔次頁〕想像上のダイヤモンド鉱山と金鉱を描いた絵画。

古代ギリシア・ローマの人びとは，ダイヤモンドを装飾品として用いることはほとんどなかったようだが，ローマでは，カットせずにもとの8面体のまま装飾品として使われていたという話もいくつか伝えられている。いずれにせよ，3世紀末のローマ皇帝ディオクレティアヌスによって，にせものの宝石をつくる方法が記された文書はことごとく焼きはらわれた

TOMAS·FEDRIANI·F·

ので，そのような文書が出まわることはめったになかった。

当時ダイヤモンドを利用していたのは彫刻師だけだった。彼らはダイヤモンドを鉄の土台に据えて，カメオを彫る道具として利用していたのである。この方法は紀元前２世紀から行なわれていたが，同じころ中国でも，ダイヤモンドを先端につけた彫刻用のノミがあったという記録が残されている。

ダイヤモンドにまつわる迷信は，17世紀ごろまで（多くの地域では，そのあとも）たえまなくつづいた。たとえばダイヤモンドには物を浄化する力や，無敵の力があるとか，別のダイヤモンドをみずから生みだすことができるという迷信である。またダイヤモンドには，不安を解消し，幽霊を遠ざけ，白内障を治す力もあると考えられていた。アラブの民間療法では，ダイヤモンドは肉体と精神に関するすべての病気を治すことができる完璧な石とみなされていた。

ダイヤモンドの谷の伝説

宝石をめぐっては古くから，数えきれないほどの物語や伝説が生まれている。そのひとつである「ダイヤモンドの谷の伝説」は，紀元前４世紀にまでさかのぼ

⇩1375年の『カタルニャ地図』の挿絵。
〔右頁上〕『東洋の物語』で描かれたダイヤモンドの伝説。
〔右頁下〕マルコ・ポーロ談『世界の叙述（東方見聞録）』の挿絵。

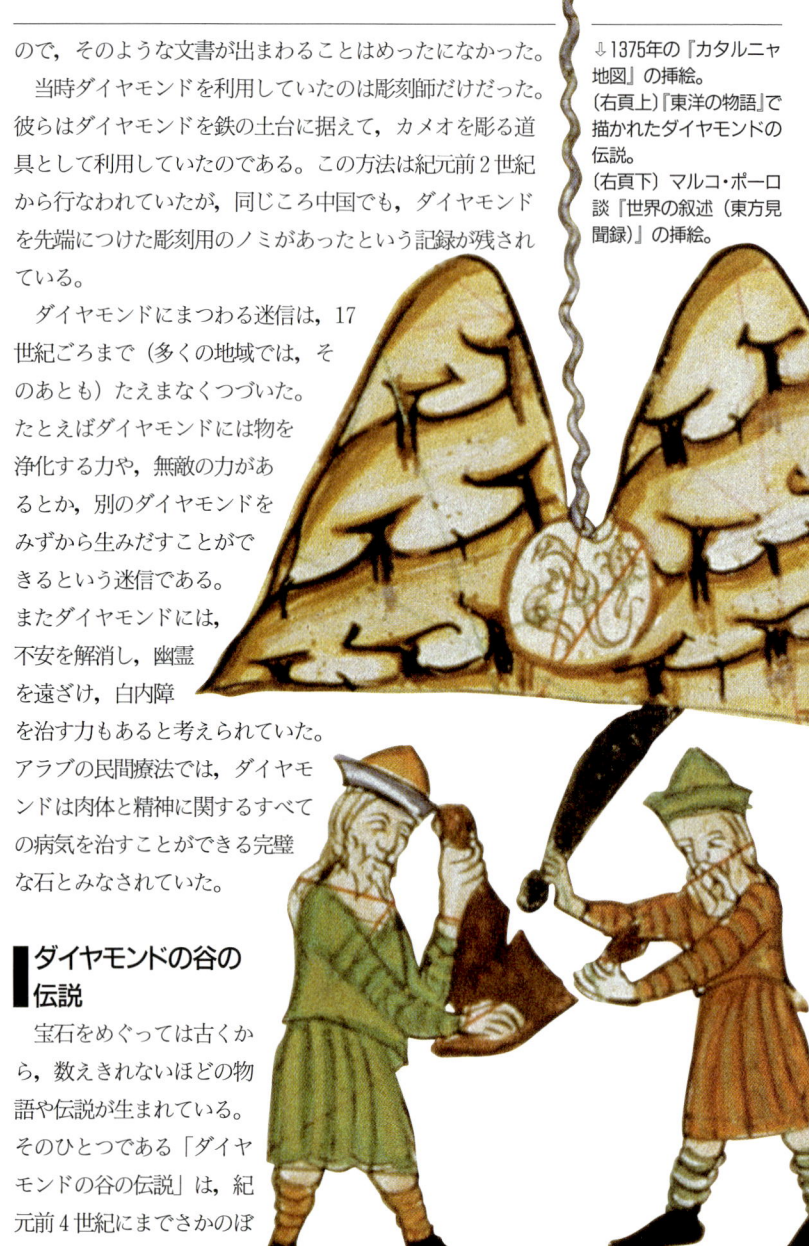

ることができるが，その後何世紀にもわたってほとんど内容に変化のないまま受けつがれ，神話化されて，数多くの空想的な絵画作品を生みだした。

この伝説によると，黒海北方の砂漠に，深くて足を踏み入れることのできない峡谷があるという。その谷底にはダイヤモンドが数多く落ちているが，ヘビとワシが人びとを寄せつけぬよう守っていた。ある国の領主がそのダイヤモンドを手に入れようと召使を派遣したとき，手ぶらで帰って罰せられることを恐れた召使たちは，一計をめぐらせた。彼らはヒツジを殺して肉塊にわけ，それらを谷底へ投げた。それを見たワシは肉に突進し，それを巣に運んだが，その肉にはダイヤモンドがくっついていた。召使たちはワシの巣へ行き，そこに落ちていたダイヤモンドを拾って，領主のもとに戻ったという。

ダイヤモンドの谷の伝説

伝説によって，何世紀ものあいだ，ダイヤモンドを探すことは危険に満ちた行為だと考えられていた。それにもかかわらず，極端な希少性と人びとを守る（という）不思議な力に引きつけられ，ダイヤモンドの探索はつづけられた。

古代インドの伝承では，ダイヤモンドを持っている人間は，ヘビ，毒，病気，泥棒，水，悪霊などから守られて，まったく危険のない人生を送ることができたという。そのためローマの市場では，多くのインド商人がダイヤモンドをタリスマン（護符）として売っており，人気を博していた。

⇦エメラルド碑板の物語──中世に発見されたエメラルド碑板には，錬金術師たちが最終的に探しもとめていた「賢者の石」をつくる方法が書かれていたという。この碑板は，極秘のものの伝授やそこへの到達を象徴している。当時エメラルドは，この上なく貴重なものであり，「天の花」であるとみなされていた。

　これは，ある教会でひとりの修道士がエメラルド碑板を発見した様子を描いた挿絵。

エメラルド──「錬金術の石」

　エメラルドという名前は，ギリシア語で「緑色の石」を意味する「エスメラグドス」に由来し，宇宙の生命力や心の至福を象徴する石とされた。一方，中央アメリカでは，エメラルドは豊かさを意味しており，メキシコのアステカ族はエメラルドを，緑色の長い羽を持つ，春の再来を象徴する鳥ケツァールと結びつけて考えていた。また，キリスト教の聖書の物語では，エメラルドと地獄の悪魔が関連づけられている。

　中世の民間伝承では，エメラルドは魔術的な石であり，万能の力を持っているとされた。死後の世界で誕生したエメラルドは，すべての悪魔の秘密を知っているため，悪魔に立ちむかうことができるのである。そのことから，た

とえばインドでは，マムシやコブラはエメラルドを見ただけで目玉が破裂してしまうと考えられるようになった。

巨大なエメラルドに刻まれた「エメラルド碑板」とよばれる錬金術文書には，エメラルドは，古代エジプトの知識の神トートのミイラと共に発見されたという神話が刻まれている。また錬金術師たちは，エメラルドは自然全体に生命を吹きこむ石だと考えていた。一方，イエス・キリストが最後の晩餐にもちいた聖杯が，サタンの兜から落ちたエメラルドでつくられていたものだったという伝説もある。

紀元前19世紀，中王国時代のエジプトでは，貴族階級の葬儀用装身具がエメラルドで飾られていたが，本物の石を使うことは非常にまれで，たいていは緑色かほかの色のついた陶器がエメラルドのかわりにもちいられていた。

エメラルドに鎮静効果があるということは，昔からよくい

⇩エメラルドの涙を流す黄金の仮面──この仮面は，チムー文化時代（12〜14世紀）のペルーの墓から出土した。折りたたまれた衣服の上に置かれ，死者と共に埋葬されていたものである。

この仮面で，エメラルドは涙をあらわしている。こうしたペルーの副葬品を飾るエメラルドは，長いあいだ，現地で出土したものと考えられてきた。しかし実際にはそれらは，現在でも世界有数のエメラルド産出国であるコロンビアのものだということがわかった。

われてきた。ローマ皇帝ネロがエメラルドごしに剣闘士たちの闘技を観戦したという話は有名だが(実際にはそれは緑柱石《ベリル》だった)，これは残酷な競技を見るときに興奮を抑えるようにするためだったという。しかしラブレーの書いた『ガルガンチュア物語』では，主人公の巨人のズボンがオレンジ大のエメラルドの上についたホックで留められていたとあり，エメラルドに性的な意味を持たせている。一方，船乗りや漁師たちにとって，エメラルドはその緑色と海の色が似ていることから，嵐に対する重要なお守りとされていた。

だが，石が象徴するのは良きものだけではない。ときには逆転して，不吉なものや，危険，脅威を意味することがある。ドイツのミュンヘン大聖堂には，エメラルドでできた聖ゲオルギウスの倒した竜があるが，そのエメラルドは中世に呪いをかけられた石だと伝えられている。

⇧エメラルドの枝から4本の川がわきでる木と，その根元にいるムハンマド──イスラム教の預言者ムハンマドは，現世で莫大な財産をつくったり高価な宝飾品を所有することを禁じたが，その後，王朝を築いたイスラムの君主たちは，ことのほか宝石を好んだ。なかでも初期イスラム王朝であるアッバース朝のカリフ，ハールーン・アッラシードは，個人コレクション用の石を手に入れるため，宝石商人を何度もスリランカに派遣している。

⇧ヴィシュヌ神が化身した魚マツヤ――伝承によれば，魚に化身したヒンドゥー教の主神ヴィシュヌの胸には，ルビーのような魔法の宝石が輝いているという。当時，赤い石はルビーとされることが多かったが，宝石鑑定の技術が発達すると，その大部分は，スピネルやガーネットなど，ルビーとはまったく違う組成の準宝石であることが判明した。古代社会には，本物のルビーはめったになかったものと思われる。

ルビー――「情熱の火」

ルビーという名前は，ラテン語で「赤」を意味する「ルベウス」に由来する。ルビーの赤は昔から人びとに火を連想させたが，その一方で勇敢さ，思いやり，神の愛を象徴する石でもある。とくにヒンドゥー教徒はルビーをもっとも重要な石とみなしており，「宝石のなかの王」とまでよんでいる。

14世紀のフランス王フィリップ6世も，ルビーを宝石の王者だとのべている。イタリアの詩人ペトラルカによると，フィリップ6世の息子であるフランス王ジャン2世も，ルビーでできた指輪をお守りとしてつねにはめていたという。こうした中世ヨーロッパの君主たちがルビーを身につけていたのは，危険を予知するためでもあった。ルビーの赤い色が黒ずむと，不吉な出来事が起こる前兆だとされていたのである。

イスラム教の伝承にも，同じような話がある。現在，メッカにあるカーバ神殿には，聖なる「黒石」がはめこまれているが，それはもともと大天使ガブリエルが持ってきた預言者アブラハムのルビーだったという。それが黒ずんでしまったのは，「人間が目と舌と耳で犯した罪」によるものだとイスラム教では考えられている。

またルビーは，ヨーロッパの君主たちに聖なる力をあたえるためにも役だってきた。イエス・キリストの苦悩と血を忘れないように，君主たちの冠には必ずルビーが飾られたのである。このルビーは，国家と国民の統治を開始する君主たちの奉納物としての意味を持っていた。

10世紀のボヘミア王，聖ヴァーツ

⇧ドラキュラのモデル，ワラキア公ヴラド・ツェペシュのターバンを飾るルビー。

ラフの頭蓋が入った聖遺物箱の上にあることから，通称を「聖ヴァーツラフの冠」といわれる冠にはめこまれているルビーは，おそらく現在のところ，もっとも大きな良質のルビーである。このルビーは39.5×36.5×14ミリメートルで，250カラットの重さがある。1346年にドイツ王カール4世が注文したこの冠には，ルビーのほかにたくさんの宝石がちりばめられ，カール4世が育ったフランス王室の紋章であるユリの花も形どられている。

⇙シャルルマーニュのタリスマン（護符）――これはアッバース朝のカリフ，ハールーン・アッラシードがフランク王シャルルマーニュ（カール大帝）に贈った宝飾品。カボション・カットとよばれる丸い山形の大きなサファイアが，宝石や真珠で飾られた金の枠にはめこまれている。

814年にシャルルマーニュと共に埋葬されたこのタリスマンは，奇跡を起こすことで知られており，事実，10世紀のドイツ王オットー3世がシャルルマーニュの墓を開けたとき，遺体はほとんど腐食していなかったという。

このタリスマンはドイツ西部のアーヘン大聖堂の宝物館に保管されたが，のちにナポレオン1世の皇后ジョゼフィーヌに贈られ，その後ナポレオン3世の皇后ウジェニーのものとなった。ウジェニーは，第1次世界大戦中に砲撃された大聖堂の修復を援助するため，ランス市にこのタリスマンを寄贈した。

（左頁下）聖ヴァーツラフの冠――この冠の中央のルビーは，250カラット（50グラム）の重さがある。

サファイア――「天空の石」

サファイアは「不滅」と「純潔」を象徴する青い石で，人間の霊的な側面に働きかけ，来世の神秘を意味するといわれてきた。ペルシア人は，地球は巨大なサファイアに支えられていて，空の青色はサファイアの色が反射しているのだと信じていた。またエジプトやローマでは，サファイアは正義と真理の石としてあがめられていた。

カトリック教会は，サファイアを神の光の最高のシンボルと定め，祝福や判断の権威をあたえる天の力を思い起こすために，司教や枢機卿がこの石を右手につけることをすすめた。この習慣は12世紀に教皇インノケンティウス3世の教書に記されており，14世紀までイギリスの司教は叙階式でサファイアの指輪を授けられていた。

宝石ができるまで

宝石は，大地の奥深くで長い年月をかけて育まれた，自然が生んだ芸術品である。宝石が誕生するためには，想像を絶するほどの圧力と温度が必要とされる。また大きくて美しい宝石の場合，気の遠くなるような時間を必要とする。

炭素から生まれるダイヤモンドは，地下150〜200キロメートル，しかも1200度以上の場所で生まれる。そのダイヤモンドを地下から押し上げたマグマが冷えて固まったのが，キンバーライト（ダイヤモンド鉱山が最初に発見された南アフリカの都市キンバリーからつけられた名称）とよばれる岩である。それが浸食作用によって，第１鉱床である火山から第２鉱床である川や海の底に運ばれる。

世界最大のダイヤモンドである「カリナン」（⇨p.77）は，17億年から16億年前にできたものと推定されている。もっとも新しいダイヤモンドは，おそらく7000万年前のものだろう。特殊な例では，隕石のなかからも見つかっている。

アルミナ（酸化アルミニウム）からなるルビーとサファイアも，

⇩コロンビア産エメラルドの内部に見える，結晶のインクルージョン──多くの場合，ダイヤモンド内のインクルージョンは傷とみなされ，低い評価を受ける。しかしエメラルドや水晶の場合，ガーデン・インクルージョンと呼ばれる，結晶内にまるで庭園があるように見えるものは，必ずしも宝石の品質や価値をさげることにはならない。

⇦母岩中のエメラルド原石──コロンビアの鉱山からは，400カラットものこのようなエメラルド原石が産出する。

ダイヤモンドと同じくリソスフェア（岩石圏）でつくられるが，ダイヤモンドほど深い場所ではない。エメラルドはペグマタイトという岩と，緑色の原因となるクロムが含まれる塩基性岩が接触することでできる。ブラジル産エメラルドは，４億9000万年から４億5000万年前のものである。

インクルージョン（内包物）

宝石の大半は，内部にインクルージョンとよばれる別の物質を含んでいる。それは固体だったり，液体だったり，気体だったりする。

↙カットされたタイ産ルビーの内部に見える，結晶のインクルージョン――インクルージョンは宝石の価値を低下させることもあるが，その一方で，石が本物であることを証明したり，産地を教えてくれることもある。なぜなら，ダイヤモンド，エメラルド，ルビー，サファイアの天然のインクルージョンの特質はすべてあきらかになっており，産地によってほぼ一定だからである。

たとえばルビー内部には，結晶化の歴史や地質学的状況が刻まれている。雲母やジルコン，そのほかの微細な鉱物，あるいは液体のインクルージョンによって，われわれは鉱床，つまり石ができた場所を知ることができる。ミャンマー産サファイアの液体のインクルージョンは扇の形をしているが，スリランカ産サファイアのインクルージョンは蝶の羽の形をしている。

ミャンマー産ルビーを顕微鏡で見ると，針状のルチルという鉱石が絹織物のようにこまかく交差して密集したものが内包されているのがわかる（これをシルク・インクルージョンとよぶ)。スリランカ産ルビーのルチルはもっと細く，ルビーと同じ仲間のサファイアにもシルク・インクルージョンが含まれている。ルビーが赤いのは，酸化クロムが含まれているからである。

❖「宝石管理長が私の手に置いた最初の宝石は，片側が非常にもりあがったローズ・カットの大きな丸いダイヤモンドだった。（略）それをじっと眺めたあと，彼はすばらしい形のきわめて上質なペア・シェープト・カット（洋ナシ形カット）の別のダイヤモンドと，そのほか3つのダイヤモンドをテーブルに並べさせた。それから，12個のダイヤモンドでできた宝飾品を見せてくれた。それらの石はすべて最高の品質で，澄んでいて形が良く，これ以上のものはないというくらい美しかった」　ジャン＝バティスト・タヴェルニエ『インドへの旅』（1681年）……………………………………………………………………

第2章

宝石への道

（左頁）宮殿内のシャー・ジャハーン――インド・ムガル帝国の皇帝シャー・ジャハーンが座っている「孔雀の玉座」は，宮廷の豪華さを象徴するかのように，宝石がはめこまれた金でできている。

⇨エルナン・コルテスとモクテスマ皇帝の会談――スペインのコンキスタドール（新大陸征服者）であるコルテスが，アステカ帝国の皇帝モクテスマからエメラルドの首飾りを受けとっているところ。

伝説のダイヤモンド，「コーイヌール」

現在イギリス王室が所有しているダイヤモンドに，ペルシア語で「光の山」を意味する「コーイヌール」という名の石がある。これはイギリス王室のコレクション中，一番大きなダイヤモンドではないが，歴史上，おそらくもっとも有名なダイヤモンドである。

もともとこの「コーイヌール」はインドにあったもので，ガンジス川の支流ヤムナー川のほとりに捨てられた子どもの額から発見されたと伝えられている。象使いの娘がその子どもを王宮に連れていったところ，子どもは太陽神の息子カルナであることがわかった。そして王宮にもたらされた石は，

⇧ムハンマド・シャーとナーディル・シャーの会見──ペルシア王ナーディル・シャーは，ムガル皇帝ムハンマド・シャーとターバンを無理やり交換し，そのなかに隠されていた「コーイヌール」を手に入れた。「コーイヌール」はその後さまざまな君主が所有したが，最後にはイギリス軍の手に落ちた。

ヒンドゥー教の主神シヴァの彫像の，霊感をつかさどる第3の目の位置にはめこまれたという。

「コーイヌール」が歴史書のなかにはじめて登場したのは1304年のことで，インド・マルワのラージャ（王）が所有していたと書かれている。次の記録は2世紀後のことで，1526年にインドでムガル帝国を創設したバーブルの財宝に，この石が含まれていた。

ムガル帝国は「コーイヌール」を200年間所有した。その後1739年に，ペルシア王ナーディル・シャーがインドのデリー

⇖イギリス王ジョージ6世の妃エリザベスの冠につけられた「コーイヌール」。

を略奪したとき，ムガル皇帝ムハンマド・シャーは略奪をまぬがれた「コーイヌール」を自分のターバンに隠していた。それを知ったナーディル・シャーは宴会を開いてムガル皇帝を招き，和解のしるしとして自分と相手のターバンを強引に交換し，「コーイヌール」を手に入れることに成功した。

1747年にナーディル・シャーが暗殺されたあと，「コーイヌール」を相続した彼の息子はこのダイヤモンドのありかを白状するよう拷問されたが，最後まで口を割らなかったという。その後「コーイヌール」は，アフガン王と，パンジャーブ地方（インド亜大陸北西部）を治めていたシク王の手をへて，1849年にシク王国の首都ラホールを占領したイギリス軍の所有物となった。

東インド会社創設250周年を記念して，イギリス女王ヴィクトリアに贈られることになった「コーイヌール」は，厳重な警備のもと海路イギリスに輸送され，1851年の万国博覧会の会場クリスタル・パレスで一般に公開された。しかしインド

⇧「コーイヌール」のカットに関する風刺画――「コーイヌール」は，1851年に開催された第1回ロンドン万国博覧会で，世界最大のダイヤモンドとして展示された。蒸気機関にヴィクトリア女王の夫アルバート公が「コーイヌール」を置き，ウェリントン公爵が機械を動かした歴史的瞬間は，風刺画家の創作意欲をおおいに刺激した。展覧会初日にヴィクトリア女王は，「今日は人生最高の日です」といったという。

式のカットは輝きに乏しく，人びとはこのダイヤモンドにあまり感動しなかった。そこでヴィクトリア女王はアムステルダムから有名なカット職人ヴールザンガーを呼び寄せ，再カットさせることにした。再カットによって重さは186カラットから108.93カラットに減ったが，以後，「コーイヌール」は世界的な名声を博するダイヤモンドとなったのである。

⇦タヴェルニエの旅行記『トルコ，ペルシア，インドへの6回の旅』――インドへ旅行したとき，タヴェルニエは3つの鉱山を訪れている。

「コーイヌール」が発見された詳しい状況や最初のカットが行なわれた年代と場所を知ることは，まず不可能である。しかし，18世紀までダイヤモンドはインドでしか産出しなかったので，「コーイヌール」はインド南部ビジャープルの鉱山から採掘されたと考えるのが妥当だと思われる。17世紀にフランスの旅行家ジャン＝バティスト・タヴェルニエがインドへ行き，ダイヤモンド鉱山に関する信頼できる情報をもたらすまで，ヨーロッパの人びとにとってダイヤモンドはきわめて神秘的な存在にとどまっていた。

ジャン＝バティスト・タヴェルニエのインドへの道

1605年に地図商人の息子としてパリで生まれたジャン＝バティスト・タヴェルニエは，驚くべき生涯を送った人物である。彼は1631年から68年のあいだにインドとペルシアへ6回旅行し，宝石で財をなした。ヨーロッパから遠く離れたアジアに行く者がほとんどいなかった時代に，彼は数多くの見事な宝石を手に入れ，そのなかでもとくに豪華なものをフランス王ルイ14世に売却

⇩ジャン＝バティスト・タヴェルニエの肖像。

し，フランス宮廷公認の商人としての地位を確立した。

タヴェルニエはムガル帝国の財宝を実際に自分の目で見て，インド・ゴルコンダにあった伝説のダイヤモンド鉱山に足を運んだ（ゴルコンダはかつて君主たちの邸宅があり，アジア最上級の宝石が取引される場所だったが，現在では要塞の廃墟が残されているだけである）。タヴェルニエの記録から，当時，インドの地方の権力者たちが鉱山を支配し，近隣諸国から狙われないようにあまりたくさんの鉱山を開かないようにして，巨大なダイヤモンドを独占していたことがわかっている。

1678年のゴルコンダ王国には23の鉱山があったが，タヴェルニエによれば，その多くが偶然発見されたものだという。

「ある男が雑穀をまくために地面を耕していたとき，約25カラットの素朴なダイヤモンドのかけらを見つけた。(略)男はそれを，ダイヤモンド商人のところへ持っていった。(略)たちまち国中にうわさが広まり，町の裕福な人びとのなかには，地面を掘りおこしはじめるものもいた。(略)これらのなかには10カラットから40カラットの石がたくさんあり，さらにはそれ以上のものもいくつかあった。なかでももっとも大きかったのは宰相ミール・ジュムラがムガル皇帝アウラングゼーブに贈ったダイヤモンドで，カット前に90カラットあった」。

わずかに残されている資料から，16世紀以降，それまで行なわれていた河床などの砂礫層から採掘する方法に加えて，より困難な岩石を掘る方法が用いられるようになったことがわかっている。しかし岩石を掘るには坑道をつくらねばならず，当時の技術では非常に困難だったはずである。採石場から穴を掘って25メートルほどの深さまで到達したこともあったようだが，ほとんどは直径数メートル，深

⇩アクバル皇帝時代のインドの財宝目録――1556年に即位したアクバル皇帝の治世は，政治面でも芸術面でもムガル帝国の絶頂期となった。アクバルは巨大建築物を建てたり，すぐれた芸術作品や手工業品をつくることを奨励し，宮殿には，ヒスイ，木，螺鈿，黄金，宝石などを使った細工品を制作するための工房があった。当時インドは世界で唯一のダイヤモンド産出国で，その状態は18世紀までつづいた。

さ最大6メートル程度の穴を掘っていたものと思われる。

ダイヤモンドは泥土がつまった岩の隙間にある，とタヴェルニエは書いている。「男たちがその土を掘り，女と子どもたちが決められた場所にそれを運ぶ。土の上に水をかけて，やわらかくする。その水を流し，ふたたび水をかけ，土がすべてとりのぞかれて砂だけになるまでくりかえす。それを乾かして，小麦のようにふるいにかけ，ごみをとりのぞく。(略)人びとは見張人の目の前で，手でダイヤモンドを探す」。

宝石の知識に詳しく数ヵ国語に通じていたタヴェルニエは，誠実なことで評判が高かった。しかしその一方で彼は，精力的にヨーロッパ中を行き来していたやり手の商人でもあり，見事なインドの宝石と，インド人に人気のあったイタリア製の安物のアクセサリーを交換して，莫大な利益を得ていた。また豪華な絹のターバンを頭に巻いたり，高価な毛皮を着たりして，アジアの文化にとけこむ努力をしたことも，彼の成功の一因だった。

1669年初頭に6回目の旅行から戻ったタヴェルニエは，持ち帰った宝石のひとつをフランス王ルイ14世に売却することに成功した。それは非常に美しいブルーのダイヤモンドで，原石は112カラットの重さがあった。タヴェルニエはその石を「タヴェルニエ・ブルー」と名づけたが，フランス宮廷では長いあいだ「ブルーの大ダイヤモンド」とよんでいた。ルイ14世はこのダイヤモンドを1度だけ身につけ，ルイ

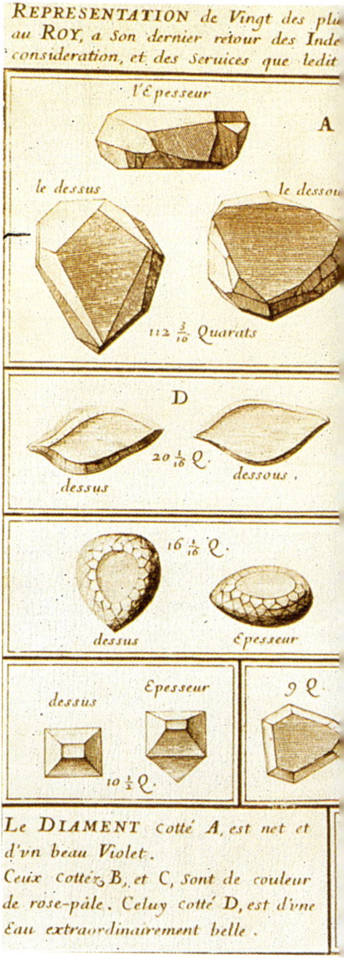

⇧タヴェルニエがルイ14世に売ったダイヤモンドの目録──当時フランス王室が手に入れた宝石の大半は，タヴェルニエが旅先から持ちかえったものだった。

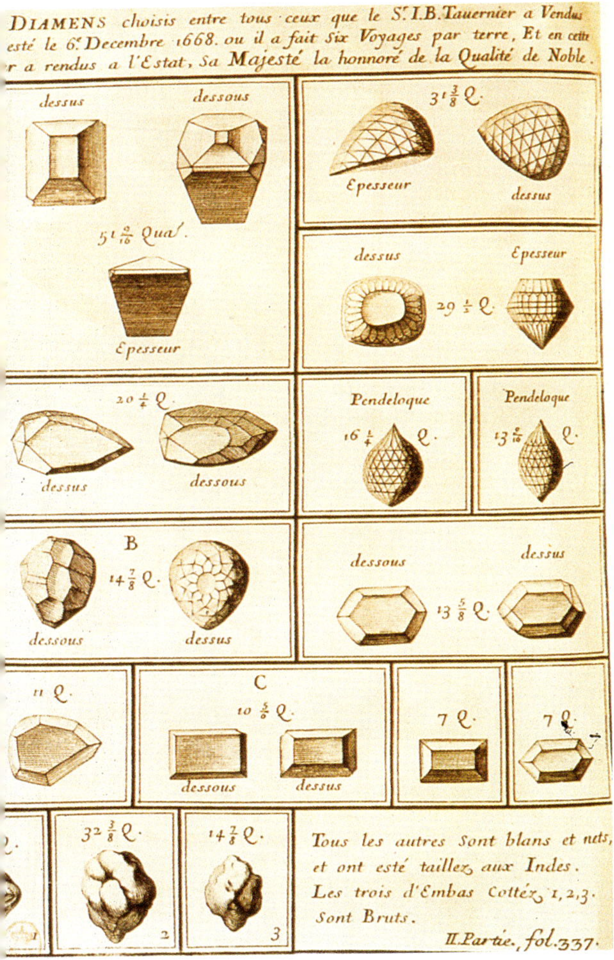

〔左頁上〕「ブルーの大ダイヤモンド」（あるいは「タヴェルニエ・ブルー」）の原石。

〔左頁下〕そこからカットされた「ホープ」──魅惑的に輝くこの青いダイヤモンドは，タヴェルニエがインドで購入したものである。彼は1669年に，300万リーヴルでこの石をルイ14世に売却した。再カットされた石は，67カラットになった。

　その後このダイヤモンドは波乱に富んだ運命をたどり，銀行家ホープが獲得して以降，「ホープ」と呼ばれるようになった。1911年には，宝石商ピエール・カルティエがこのダイヤモンドをアメリカの億万長者で「ワシントン・ポスト」紙のオーナーであるエドワード・B.マックリーンに，１万5000ドルで売った。

⇩ペンダントにセットされた「ホープ」。

15世は愛妾デュ・バリー夫人に貸し，ルイ16世は王妃マリー・アントワネットに持たせたが，のちにこのダイヤモンドをみずからのジュエリーにセットしている。

　フランス革命後に，国有家具調度保管庫におさめられたこのダイヤモンドは，1792年に盗難にあったが，1830年にロンドンで突然姿をあらわした。このとき銀行家ホープが購入して自分の名前をつけ，以後，「ホープ」とよばれるようになった。その後「ホープ」はニューヨークの宝石商，ロシアの大公，オスマン帝国皇帝の手をへて，アメリカの億万長者マックリーン夫妻のものとなったが，このダイヤモンドの所有者はみな，悲劇的といってもよいほど不幸な運命に見舞われている。そして1958年，最後の買い手であるアメリカの宝石商ハリー・ウィンストンが，ワシントンのスミソニアン博物館に「ホープ」を寄贈した。

タヴェルニエのその後については，息子によって破産させられたため，ふたたびインドへ行ってその地で野獣に襲われて死んだとか，80歳以上生きてモスクワ大公国で大往生をとげたという説などがある。

クレオパトラ鉱山

新大陸が「発見」される以前，エメラルドの大半は，エジプトの鉱山から産出されていた。たとえば紀元前1400年ころには，エジプト王セティ１世が，東の砂漠に金とエメラルドを探しに行ったという記録が残されている。

古代エジプトの鉱山があった具体的な場所については長いあいだ知られていなかったが，1830年ころにフランスの探検家フレデリック・カイヨーが，紅海沿岸の砂漠地帯にあるザバラ山近郊に，エメラルドをこよなく愛した女王クレオパトラの名前をとってクレオパトラ鉱山とよばれるエメラルド鉱山があったことをはじめて特定した。

その鉱山からは，特に見事なエメラルドが産出したわけではなかったが，ギリシア・ローマ時代やその後のオスマン帝国支配下でさかんに採掘が行なわれ，1740年までつづいた。20世紀初頭にかつての栄光をとりもどすべく再開発が試みられたが，すべて失敗に終わっている。

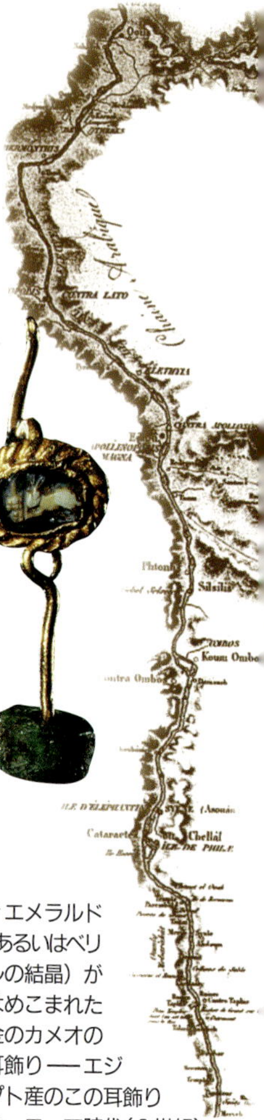

⇧エメラルド（あるいはベリルの結晶）がはめこまれた金のカメオの耳飾り――エジプト産のこの耳飾りは，ローマ時代（３世紀）のもの。

⇦ナイル川と紅海のあいだにある砂漠のルート図――伝説上のクレオパトラ鉱山を発見した最初のヨーロッパ人であるフランスの探検家フレデリック・カイヨーは，著書『テーベのオアシスとテーベの東西にある砂漠の旅』の図版で，自分自身がたどった道筋を説明している。ルート図のなかには，エメラルド鉱山やセッケトの町（上）が見られる。

エジプトで産出するエメラルドには，博物館に展示されるようなものはほとんどなかったが，地中海沿岸地方では広く普及していた。とくに，エメラルドには視力が良くなる不思議な力があると考えていたローマ人のあいだで，高値で取引されていた。また，ローマ教皇ユリウス2世の三重冠を飾っていた豪華なエメラルドは，エジプト産だというういいつたえがある。しかし実際にはコロンビア産で，この石はのちにローマ教皇グレゴリウス13世に贈られた。

⇩クレオパトラ鉱山産のエメラルドで飾られた2本指用の指輪（前1世紀）――16世紀まで，エジプトのエメラルドは非常に有名だった。しかし古代の装身具に見られるエジプトのエメラルドは，あまり良質ではなく，あざやかな緑色ではあっても，白い斑点をたくさん含んでいることが多かった。

「イサベル女王」――海底から引きあげられたたぐいまれなるエメラルド

主要航路の海底には，目を見張るような宝石の取引がさかんに行なわれていた時代をしのばせる品々が，あちこちに沈んでいる。1993年，ヴィクター・ベニラスひきいるプロのダイバー・チームが，考古学的にも大きな価値を持つそれらの宝石を，アメリカ東海岸沖で回収する計画を立てた。この計画はある船の航海日誌に，1756年にフロリダ沖で沈んだ船があると書かれていたことからはじまったものだった。

↙金と７つのカボション・カットのエメラルドでできた7.9×4.9センチの十字架――これは，ヴィクター・ベニラスのチームが発見した宝のなかにあったもの。

フロリダ沖12海里の非常に深い海底で，スペインがラテン・アメリカを植民地にしていた時代のイカリが３つ発見された。ダイバーたちはその場所から，考古学的にきわめて重要な発見をした。水晶でできた頭蓋，２万5000カラットのカットされたエメラルド，金でできたプレ・コロンビア時代の儀式用装身具，合計２万4644カラットになるエメラルドの結晶が結合した集合体，２万5000カラットの磨かれたエメラルド，アステカ文化とマヤ文化の貴重きわまりない何百もの見事な宝石細工品などである。

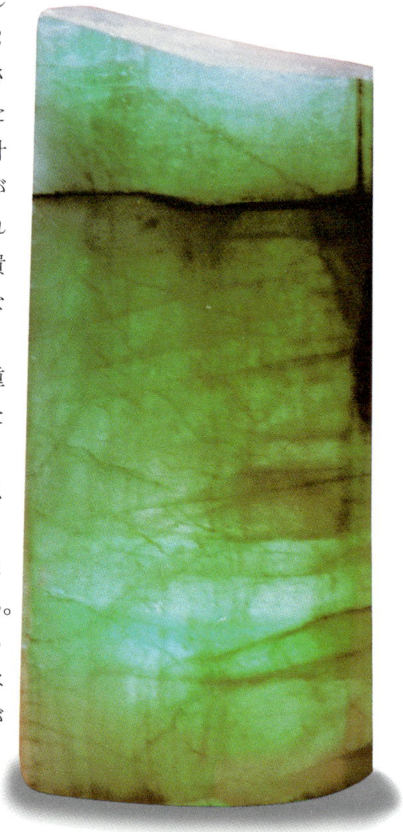

⇩永遠に失われたと思われていた伝説のエメラルド「イサベル女王」――非常に透明度の高いこの石は，専門家たちの評価によると，20億円以上の価値があるという。

しかし発見された秘宝のなかでもっとも重要なものは，永遠に失われたと思われていた伝説のエメラルド「イサベル女王」だった。964カラットのこの石は，スペインのコンキスタドール（新大陸征服者）であるエルナン・コルテスが所有していたもので，手のひらよりも大きく，めずらしく細長い形をしている。この石の名前は，コルテスが新大陸に向かった1504年にこの世を去ったスペインのイサベル女王からとられたもので，コルテス自身がつけた。

⇧ヴィクター・ベニラスのチームが発見したカット前のエメラルド――スペインのコンキスタドール（新大陸征服者）たちは，略奪したカット前のエメラルドを大帆船に乗せてスペイン宮廷へ送った。多くの場合それらのエメラルドは，宝石を崇拝していたインカ族の神殿か，王の財宝が没収されたコロンビアからもたらされたものだった。こうしたエメラルドの大半が，スペインの君主や貴族によって，なによりも貴重なものと考えられていた金と交換された。

コルテスはこの石を，２番目の妻ドニャ・フアナ・デ・ズーニガへの結婚プレゼントとして用意した。彼の妻はメキシコやカリブ海のアンティル諸島へ旅行した夫に同行し，家族と共に現地で暮らした。コルテスは妻のために，大きなエメラルドでつくられた瓶など，高価な品々をたくさん集めた。200年後，ズーニガ家の子孫がそれらの宝物を小さな帆船に乗せてスペインへ送りだしたが，その船はフロリダ沖で沈んでしまったのである。

⇖メキシコに入り，モクテスマ皇帝にむかえられるコルテス――植民地化の最初期，コンキスタドールはインディオと物々交換をしていた。そのようにしてコルテスは，メキシコのテスココ宮殿を飾っていた手のひらより大きなエメラルド「イサベル女王」を，自分のものにした。

そのほかにも，コルテスは見事なエメラルドを持っていた。複数の記録によれば，彼はアステカ帝国の皇帝モクテスマから贈られた，花と鳥と鈴が刻まれた５つのエメラルドがついた首飾りを身につけていたという。だがそれは，地中海のアルジェ沖で海賊と戦ったとき，船が難破して失われたと考えられている。

チボールとムソー――インディオとコンキスタドールのエル・ドラド

もっとも，インディオからエメラルドを奪った最初のヨーロッパ人は，エルナン・コルテスではなかった。彼以前にも，スペインの探検家ペドラリアスがカリブ海沿岸に上陸したとき，現在のコロンビア北部サンタ・マルタに位置する場所で見事なエメラルドを手に入れている。

コロンビアで最初にヨーロッパ人が鉱山を開発したのは，1555年のことである。アンデス山脈中に

ある首都ボゴタから150キロメートル北に位置する，現在のチボール地方にあたるリオ・ソモンドコ地方で，ペドロ・フェルナンデス・デ・バレンズエラが指揮にあたった。その後，ボゴタから100キロメートル東に位置し，チボール地方より東の標高800メートルの谷で，伝説のムソー鉱山が発見された。

それは1564年8月9日のことだ

⇧⇦16世紀のラテン・アメリカの鉱山で働く奴隷たち――当時コロンビアの鉱山では，スペイン人の監視下で，インディオのムソー族とカヒマ族が殺人的な環境のもと働いていた。坑道が深くなるにつれ，日光が入らなくなり，空気は湿って熱く希薄になった。このような状況で生き残ったインディオは，ほとんどいなかった。

⇦⇦スペインの細工師がつくった異端審問所のバッジがついたペンダント――エメラルドは当初，こわれやすいという理由で，円形か楕円形の頂部を丸く磨いたカボション・カットにされた。表面に光沢をあたえるこのやわらかいカットの次には，エメラルド・カットと呼ばれるカットが登場した。鋭い角やカット面を持つ長方形のエメラルド・カットは，石の透明度を引きたたせる効果がある。

った。フアン・デ・ペナゴスという名前のスペイン人入植者が，インディオのムソー族とのすさまじい戦いから逃げるために，ものすごい勢いで馬を飛ばしていた。しかし馬が脚を引きずっているのに気づいたため，危険を承知で馬を止め，ひづめを見た。するとひづめの真ん中に，あざやかな緑色のエメラルドがはまっていたのである。そのニュースは一大センセーションを巻き起こし，人びとはこぞってペナゴスが来た道を逆向きにたどっては石を拾って確認し，ついにはエメラルドが大量に産出する山の斜面を見つけたのだった。

しかし地元の人間にとって，この発見は驚くべきことではなかった。スペインのコンキスタドールが来るよりもずっと以前に，その場所ではエメラルドをめぐってインディオのふたつの部族，巨大なエメラルドを崇拝し鉱山を開発していたムイスカ族と，好戦的な戦士だが戦争をしていないときにはエメラルドの売買をしていたムソー族が，激しく敵対していたからである。

スペイン人はこれらの鉱山で，インディオのムソー族とカヒマ族をきわめて劣悪な労働条件のもと

⇧通称を「レチュガ」という聖体顕示台――ムソー鉱山産のエメラルドを1486個使ったこの聖体顕示台は，あざやかな緑色をしていることから，「レチュガ」（「レタス」の意）と呼ばれる。これはスペインの植民地における宗教的工芸品のなかで，もっとも重要なものといえる。

エメラルドのほかにも，ブラジル産トパーズ1個，カリブ海の真珠62個，インド産アメシスト168個，南アメリカ産ダイヤモンド28個，スリランカ産ルビー13個，タイ産サファイア1個が使われている。

で働かせた。坑道はひどい暑さと湿気で息苦しく，大勢のインディオが命を落とした。しかし鉱山からは前例がないほど莫大な量のエメラルドが産出し，それらはスペインだけではなくヨーロッパ全土に向けて送られた。すべての石を売りさばくために，商人たちはヨーロッパを離れ，オスマン帝国やペルシアやインドまで出向いて新規の買い手を見つけなければならなかったほどである。

グワタビタ湖の奇妙な儀式

チボールとムソーのエメラルド鉱山のすぐ近くに，黄金郷《エル・ドラド》伝説で名高いグワタビタ湖があった。この湖では毎年，部族の神々への奉納で，首長の後継者の通過儀礼の儀式が行なわれていた。

未来の首長は裸になり，全身に金粉を塗って，湖に浮かべられた舟に乗る。舟には神々へ捧げる黄金とエメラルドが積まれている。旗が振られると人びとは沈黙し，未来の首長と彼に従っている酋長たちが財宝をすべて舟から湖に投げ入れる。それが終わると人びとは歓喜の声をあげ，未来の首長は君主として認められる。

スペイン人は新大陸を征服してすぐのころ，この湖をさらって沈んでいた財宝を手に入れた。当時の年代記作者によれば，すべての財宝を引きあげるのに数年かかったという。また第2，第3のグワタビタ湖を発見するために，探検がつづけられた。

モゴクの秘宝，ピジョン・ブラッド色のルビー

ミャンマーのモゴク鉱山からは，世界でもここだけといえるほど特別にす

⇩シャー・ジャハーン――17世紀前半のインドを支配した皇帝シャー・ジャハーンは，洋ナシ形の真珠が下がったルビーで飾られた重そうな首飾りをしている。

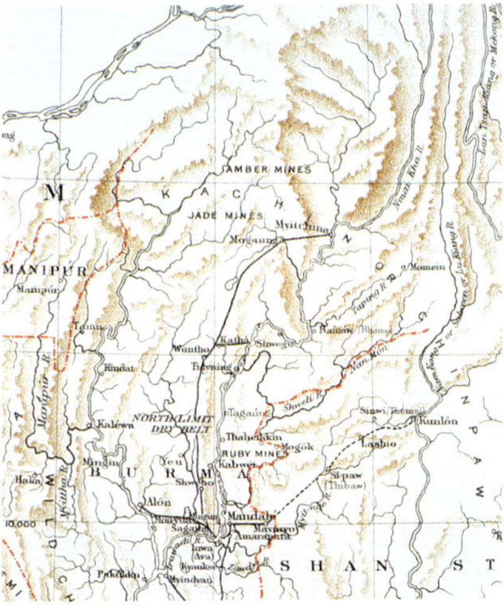

⇧モゴクの谷はミャンマー中部の都市マンダレーから，北200キロメートルのところにある。

ばらしいルビーが産出する。濃く，深みがあり，非常に純粋な赤色の石で，最高のルビーとして尊ばれている。このルビーの色は，殺したばかりの鳩の鼻孔から流れる最初の血の色になぞらえて，スイスの宝石学者が「ピジョン・ブラッド（鳩の血）色」と名づけ，以後そうよばれている。

イランのテヘラン中央銀行に展示されているベルトのバックルには,「ミャンマー色」ともいわれるこのピジョン・ブラッド色のルビーが20個はめられている。カボション・カットのそれらの石のなかには，10カラットもの重さがあるものもいくつかある。この見事なバックルは，世界の至宝のひとつに数えられている。

モゴクの「ルビーの谷」では，おそらく紀元6世紀ころから世界一良質なルビーが産出していた。当時の王たちは，鉱山の採掘者たちに大きなルビーを献上させ，ごく小さなルビーを彼らに賃金としてあたえていた。そこで採掘者たちは，しだいに大きなルビーをこまかく割って，自分たちのものにするようになった。その結果，当時のモゴクでは，大きなサイズのルビーがだんだんと見られなくなったという。

盗難の大被害を受けたフランス王室の宝石

1792年秋のある晴れた月曜日，フランスの有名な盗賊ポール・ミエットが，パリの国有家具調度保管庫で公開されていたフランス王室の宝石を見学しにやってきた。

1791年以降，めずらしい宝石やアクセサリーのコレクション，代々伝わる武具，タピスリーや家具類など，貴重なフラ

⇩ルビーがはめこまれたヒスイの瓶。

ンス王室の財宝は，ほとんどこの保管庫に入れられていた。しかしこの保管庫は，厳重に監視されていなかった。そのため国王親任官ティエリー・ド・ヴィル・ダヴレーは，安全上の問題があることを内相ロラン氏に何度も訴えていた。

⇧パリの国有家具調度保管庫──1792年にこの建物で，フランス王室の宝石類が盗難にあった。現在は，海軍省の建物となっている。

9月11日の夜11時ころ，ミエットひきいる一団と，ミエットの腹心ドペイロンひきいる一団が，現場で落ちあった。一味は現場付近で見張りに立ち，ミエットとドペイロンが保管庫の2階によじのぼり，慣れた手つきで窓ガラスを破った。なかに入ると，ふたりは陳列ケースをこじあけてジュエリー類をとりだし，ポケットにつめこんだ。その晩，彼らはジュエリーにセットされていない宝石には手を触れなかった。

翌日も，その次の日も，夜になると彼らはやってきた。ろうそくの炎のもとで，彼らは宝石が大量に入っている棚をこわして，「サンシー」や「ド・ギーズ」などの有名なダイヤモンドをはじめとする宝石を盗んだ。そのなかには，当時は非常にめずらしいものだった本物のルビー（当時はルビーほど価値のない赤い石スピネルを「バラス・ルビー」とよんで，ルビーと同じものだとしていたことが多かった）も82個あり，宝飾品目録によると2万5000フランの価格がついた約24カラットの大きなルビーも含まれていた。これらのうちいくつかは，盗賊団が盗んだものを分配したセーヌ川の土手で，のちに見つかっている。

⇧鷲をかたどったポーランドの留め金──ルイ14世のコレクションだったもの。中央の大きな石は，ヒアシンスという名の石。そのほかの150個の赤い石は，テーブル・カットのルビー。

この事件でフランス王室の宝石の大半が永遠に消えうせたが，幸運にも（そして偶然にも）盗賊団に見過ごされたものもいくつかあった。そのなかには，世界で一二を争う見事なサファイアで「国王用の第3の宝石」だった「ルイ14世の大サファイア」も含まれていた。

すばらしく純粋で見事なこのサファイアは，フランス革命

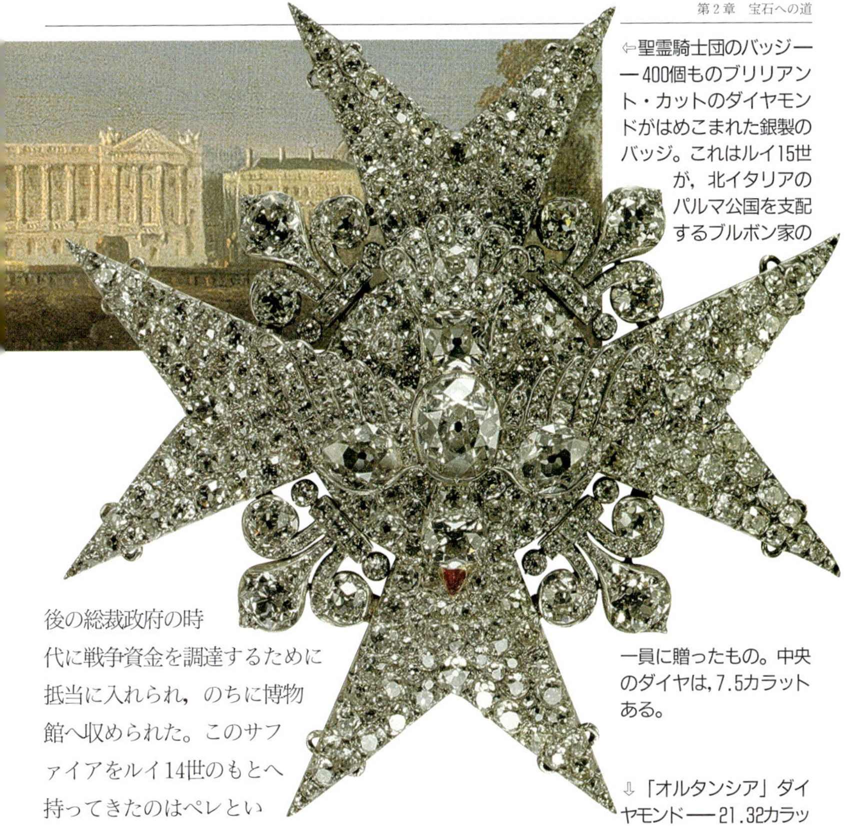

⇦聖霊騎士団のバッジ――400個ものブリリアント・カットのダイヤモンドがはめこまれた銀製のバッジ。これはルイ15世が，北イタリアのパルマ公国を支配するブルボン家の一員に贈ったもの。中央のダイヤは,7.5カラットある。

後の総裁政府の時代に戦争資金を調達するために抵当に入れられ，のちに博物館へ収められた。このサファイアをルイ14世のもとへ持ってきたのはペレという名の商人で，ルイ14世は「フランスの栄光のため」に，この希少な石を即座に購入した。

ペレがこの石を買ったのはドイツの大公からで,価格は6800リーヴルだった。一時期このサファイアをヴェネツィアの商人から購入して所有していたローマの名家ルスポリ家は，この石に一家の名前をつけた。いいつたえによると，このサファイアはインド亜大陸北東部のベンガル産だというが，それはあやまりである。

⇩「オルタンシア」ダイヤモンド――21.32カラットのこのピンクのダイヤモンドは，ルイ14世の注文で1678年ころにカットされた。

フランス王室の宝石

フランス王妃マリー・ド・メディシスが1619年の聖別式でかぶった冠の頂には，「小サンシー」と呼ばれる35カラットのダイヤモンドがついていた（左頁）。マリー・ド・メディシスは1604年に，このダイヤモンドを手に入れていた。

☆　☆

ルイ15世（右頁）の聖別式は，1722年10月25日，フランス北東部のランス大聖堂で行なわれた。このときの王冠（⇩）は，16個のエメラルド，16個のサファイア，16個のルビー，16個のトパーズ，230個の真珠，161個のダイヤモンドで飾られていた。その中には，「リージェント」と「サンシー」という名の，ふたつの有名なダイヤモンドも含まれている。

マルコ・ポーロのサファイアは，最高の通行証だった

12世紀末にアジアのはてまで旅行したイタリアの旅行家マルコ・ポーロは，『世界の叙述（東方見聞録）』のなかで，モンゴル宮廷から好意的にむかえられるためサファイアを携えて行ったと語っている。モンゴル皇帝フビライ・ハーンは，永遠の至上権を象徴するこの青い石に魅せられ，この石を献上したマルコ・ポーロに深く感謝して彼を移動大使に任命し，さらにサファイアの代金として「価格の２倍」を支払ったという。

マルコ・ポーロが持っていたサファイアは，約2000年前から世界一見事なサファイアを産出していたスリランカ産のものだった。しかしマルコ・ポーロが語っている砂礫層の鉱床については，いまだに謎につつまれている。わかっていることは，サファイアやルビーが属するコランダムという鉱物が，山の上から島の中心地，「宝石の町」という意味のラトナプラ地方へ，川の流れで運ばれてくるということだけである。父祖伝来の古風な方法で集められた川の砂利は，砂金収集と同じような方法で，洗われたあと竹で編んだ大きなふるいで選りわけられた。

17世紀に書かれた『セイロンの歴史』のなかで，リベイロ船長という人物が，当時はセイロンの川にたくさんのカラー・ストーンがあったと語っている。

「ムーア人（イスラム教徒）は，川のなかに網を入れてそれらをとる。彼らはトパーズ，ルビー，サファイアを見つけて，ほかの商品と交換するためにペルシアへ送る」。

⇙ルイ14世の大ブルー・サファイア――135.8カラットのこのサファイアは，インドのベンガル産ではなく，スリランカ産である（内部のインクルージョンから，そのことがわかる）。19世紀まで，この石は世界一見事なサファイアとみなされてきた。6面を平らに磨いたシンプルなカットによって，石の自然な美しさが保たれている。

⇧スリランカの山岳地方の川での宝石探し――マルコ・ポーロの『世界の叙述（東方見聞録）』から抜粋された彩色挿絵。ヨーロッパから見た想像上のアジアの風景を描いている。

宝石細工師の技量

歴史上，はじめてダイヤモンドのカットが行なわれた年代を正確に特定することは難しい。不揃いの小さな面からなる古風なカットがほどこされた最初の石は，紀元後すぐの数世紀間に，インドからヨーロッパにもたらされたダイヤモンドだったと思われる。当時インドの宝石細工師は石をみがくことで形を整えていたが，インドでは現在もそのやり方がつづいている。

上部の面が平らなテーブル・カットは，ルネサンスの時代を

⇦「インドの星」――563.35カラットの，このすばらしく美しい青いスター・サファイアは，世界で一番大きなサファイアとされている。

通じてイタリアのヴェネツィアとミラノで行なわれていた。そこでは有名工房の職人たちが，ヨーロッパの宮廷のために働いていたのである。

彼らは自分たちの技量を，ブリュージュやアントワープ，パリ，リスボン，ロンドンなどへ広めた。フランス王シャルル5世の財宝目録には，テーブル・カット，ポイント・カット，ハート形カットのダイヤモンドが見られる。それらは15世紀のパリ（工芸分野で最先端の都市だった）の最初のダイヤモンド細工師による仕事と考えられるが，はっきりしたことはよくわかっていない。ダイヤモンドのカット技術について，はじめてあきらかにしたのは，ブリュージュのロデヴィク・ファン・ベルケムである。

ダイヤモンドの細工師たちはしだいに，石の大きさを可能な限り保つよりも，こまかいカットをほどこして石に美しい輝きをあたえることを，より重視するようになった。ダイヤモンドの加工は，石の上部から最大限に光が入りこみ，それが内部で反射してふたたび外へ出て行くよう，

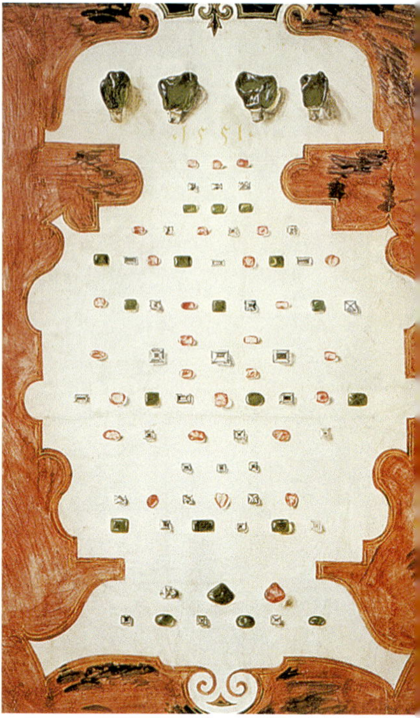

⇩⇨宝石を磨く細工師——インドの宝石細工師は，研磨盤と弓ノコギリを使って，伝統的な方法で宝石を磨いていた。そのためそれらの石の大半は，ヨーロッパに運ばれて以降，再カットされる必要があった。

カットと磨きの技術が計算しつくされることで洗練されていった。

12の面を持つローズ・カットは，いまにも咲きそうなバラのつぼみを思わせるところから名づけられた。フランス王ルイ14世の宰相マザランの名前がついたマザラン・カットは，上部と下部が共に17面で構成されるクッション・カットである。フランス王室がタヴェルニエから購入した見事な宝石のなかには，マザラン・カットがほどこされたものもいくつかあった。

ダイヤモンドに沸く町，アントワープ

「何人《なんぴと》も，ダイヤモンドであろうと，ルビーであろうと，エメラルドであろうと，サファイアであろうと，にせものの宝石を購入したり，売却したり，抵当に入れたり，譲渡してはならない。違反者には25デュカの罰金を科す。その３分の１は君主の，３分の１は町の，３分の１は報告者のものとする」。

1447年にベルギーのアントワープで出されたこの法令は，ブリュージュにつづいて15世紀ヨーロッパのダイヤモンド細工の中心地となったこの町で，宝石の取引が非常にさかんだったことを裏づけている。

アントワープがこのようにめざましく発展した理由には，当時この地を支配していたブルゴーニュ公の支援があった。代々のブルゴーニュ公はダイヤモンドに魅了され，アントワープの宝石産業を発展させることに力を注いだのである。

そのころポルトガルは，アラビア半島南端のアデン湾，イ

〔左頁上〕宝石のカット例──当時のヨーロッパにおける宝石取引の中心地だったベルギーのブリュージュで，宝石カット職人の記録が登場するのは1465年のことである。フランドル出身のパリの宝石細工師ロベール・ド・ベルケムは，1661年に出版した宝石と真珠に関する著書『東西インドの驚異』のなかで，1476年にブリュージュで，ロデヴィク・ファン・ベルケムがダイヤモンドのブリリアント・カットを考案したといっている（ロベール・ド・ベルケムは，ロデヴィク・ファン・ベルケムの孫らしい）。

左頁上は，1551年にハンス・ミューリヒによって羊皮紙に描かれた絵画。カラー・ストーンとダイヤモンドのさまざまなカット例が説明されている。

ンドのゴア，そしてゴルコンダをはじめとするインドの主要なダイヤモンド産出地を支配下に置き，膨大な数のダイヤモンドをアントワープへ持ちこんでカットさせていた。

宝石細工師や金銀細工師のところには注文が殺到し，彼らはダイヤモンドを含むありとあらゆる種類の宝石をカットするようになった。しかしダイヤモンドのカットを専門とする細工師が登場し，1582年10月25日にダイヤモンド・カット職人組合ができると，それまでダイヤモンドのカットで莫大な利益を得ていた宝石細工師や金銀細工師は大打撃を受けたのである。

アントワープのすべての地区がダイヤモンドのカットを専門とするようになり，アントワープはヨーロッパで第１の経済都市になった。フランス王フランソワ１世もまた，宝石のカットをパリのカット職人ではなく，誰もがその技術力を認めていたアントワープの職人に任せた。またヨーロッパの裕福な商人たちが，アントワープに居を構えた。たとえばイタリアからはポルトガルの航海者ヴァスコ・ダ・ガマやマゼランの遠征に出資したアファイターティ家が，ポルトガルからは16世紀末にアントワープで一二を争うダイヤモンド商人となったシモン・ロドリゲス・デヴォラ男爵がやってきた。

1631年の時点で，アントワープには164人のダイヤモンド・カット職人がいた。しかし，そのころポルトガルのプロテスタント教徒やユダヤ教徒の商人，異端審問を恐れたアントワープのユダヤ人ダイヤモンド商人が，プロテスタント教徒やユダヤ教徒も広く受け入れていたドイツのフランクフルトやオランダのアムステルダムへ次々と移住しはじめたため，ダイヤモンド取引の場もそちらの都市へと移っていった。

〔左頁上〕アントワープの風景――ベルギーの商業都市アントワープには，有名なダイヤモンド細工師や，ヨーロッパ各国からやってきた裕福な商人が居を構えていた。

⇩17世紀のダイヤモンド細工所の模型。

Fig. 1e.

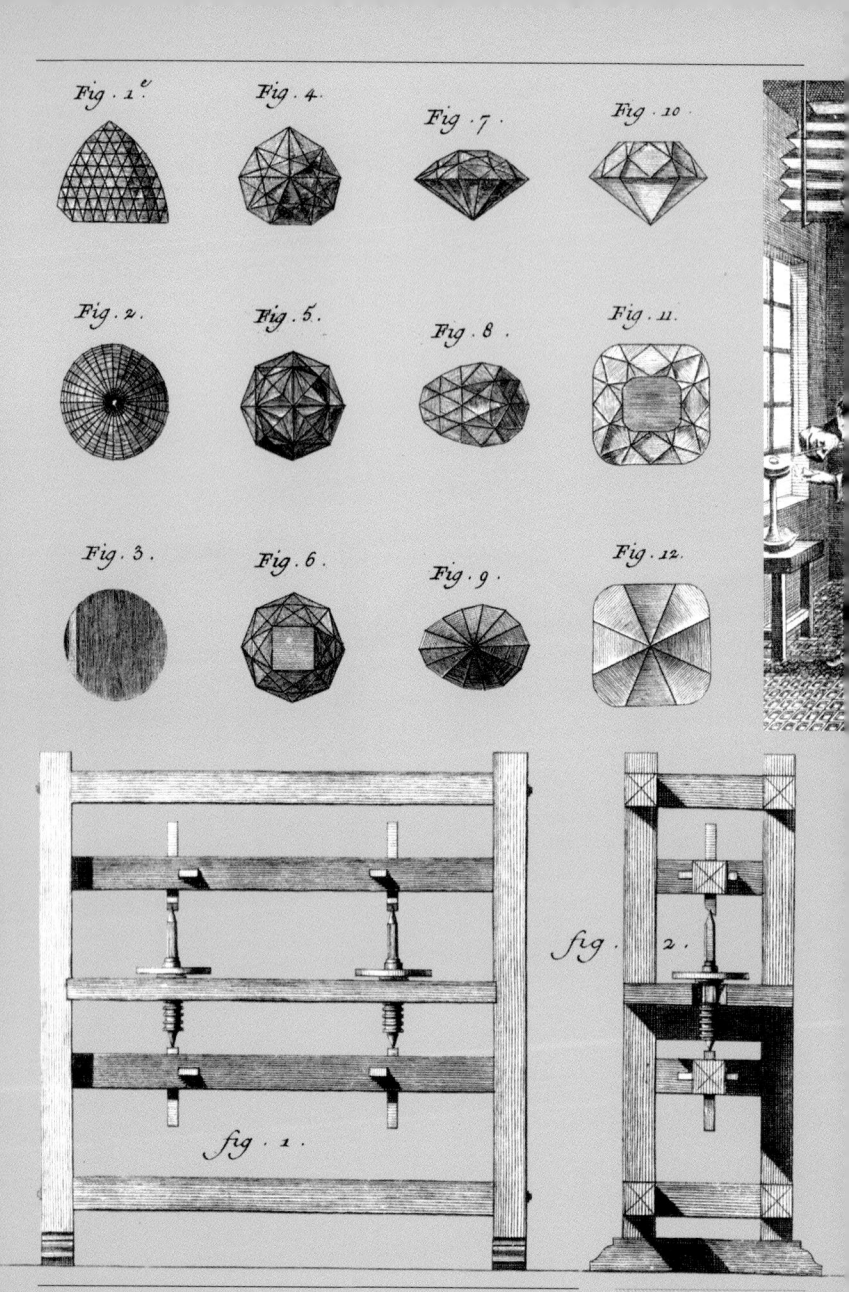

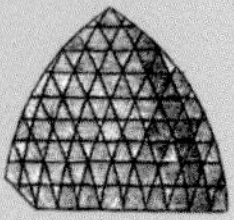

Fig. 4.

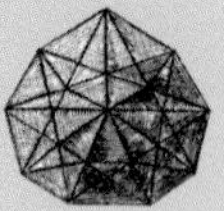

Fig. 7.

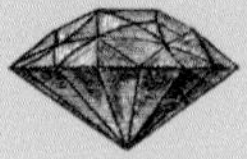

Fig. 10.

Fig. 2.

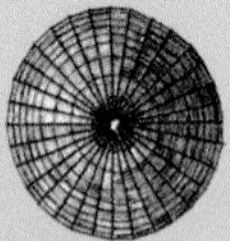

Fig. 5.

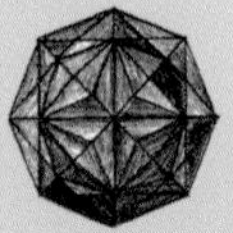

Fig. 8.

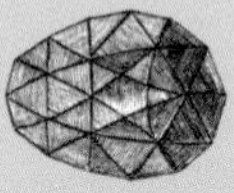

Fig. 11.

Fig. 3.

Fig. 6.

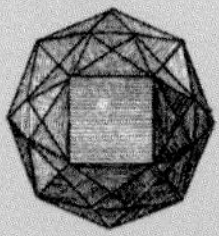

Fig. 9.

Fig. 12.

fig. 1.

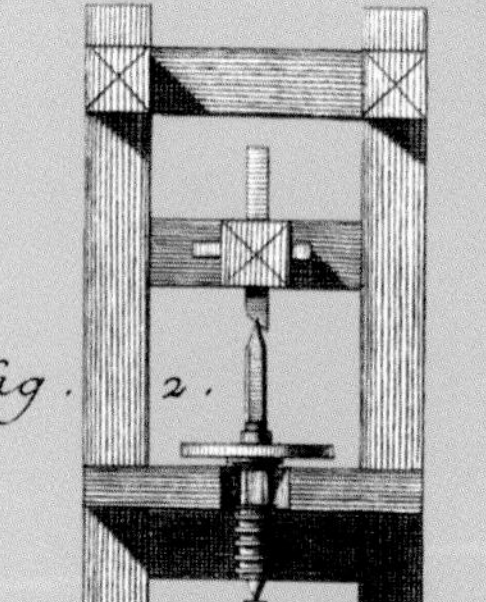

fig. 2.

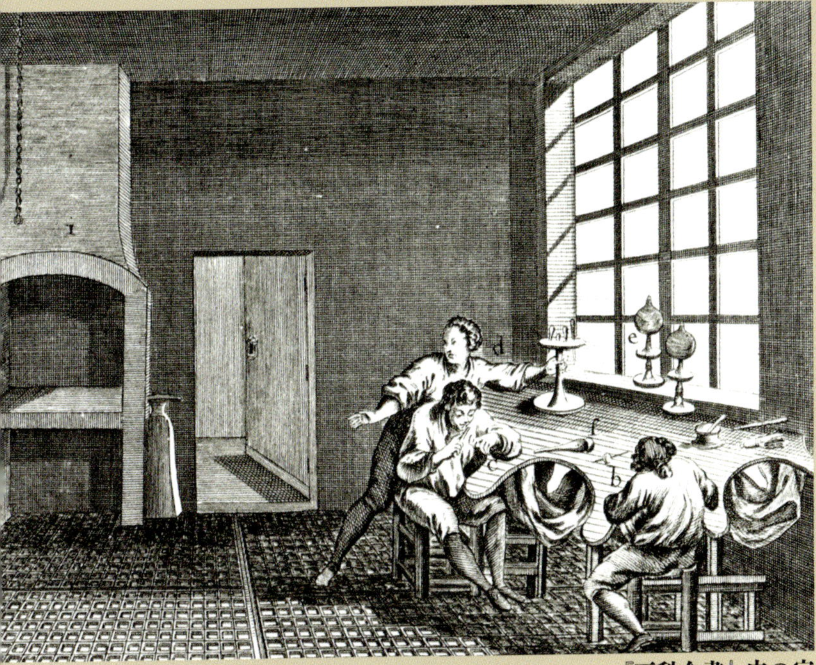

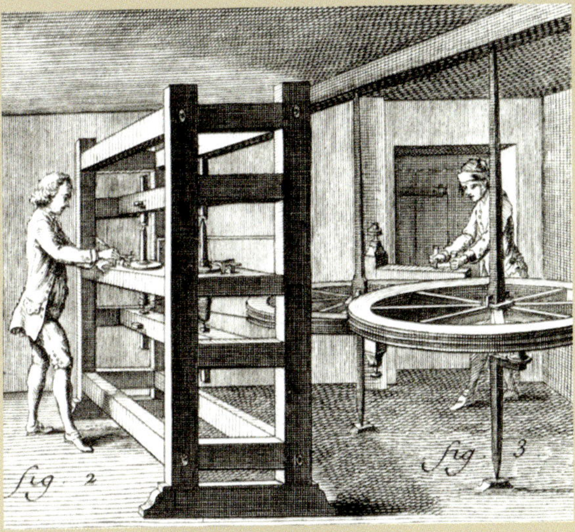

『百科全書』中の宝石の記述

ディドロとダランベールが18世紀に発行したこの大百科事典には，人類が獲得したさまざまな知識と技術が，図版入りで解説されている。

右頁上は，宝石職人が作業をしているところ。

右頁下は，ダイヤモンド細工師のところで職人たちが，研磨盤を操作しているところ。

左頁上は，当時の有名なダイヤモンド（7・8・9は「サンシー」）。

左頁下は，ダイヤモンド細工師の研磨機の正面から見た実測図と断面図。

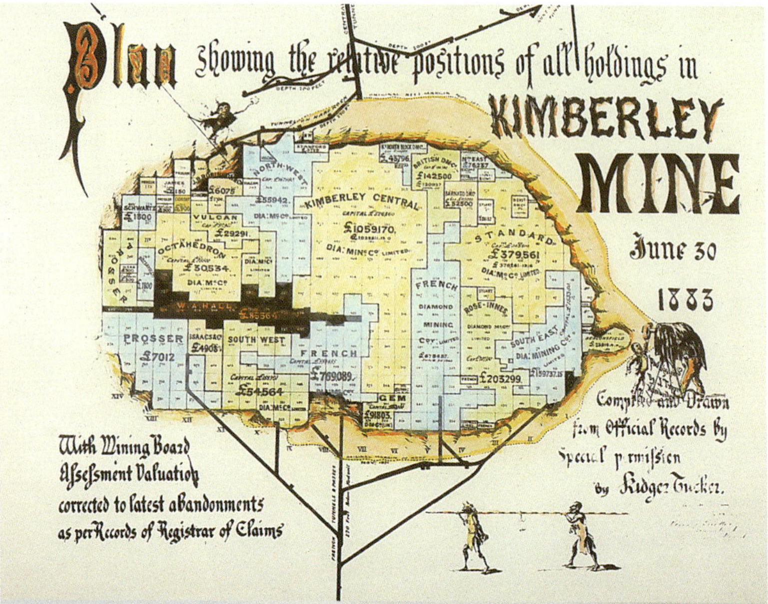
Plan showing the relative positions of all holdings in
KIMBERLEY
MINE
June 30
1883
KIMBERLEY CENTRAL
£1059170.
DIA: MINS Cº LIMITED
NORTH-WEST
£55942.
VULCAN
£29291.
OCTAHEDRON
£30534.
DIA: MCº
W.A. HALL
PROSSER
£7012
ISAACS&Cº
£4908
SOUTH WEST
£54564
DIA: MCº
FRENCH
£769089.
GEM
£91803
BRITISH DMCº
£142500
STANDARD
£379561
DIA: MCº LIMITED
FRENCH DIAMOND MINING COY LIMITED
ROSE-INNES
SOUTH EAST DIA: MINING Cº
£203299.
£59737.15
With Mining Board
Assessment Valuation
corrected to latest abandonments
as per Records of Registrar of Claims
Compiled and Drawn
from Official Records by
Special permission

❖19世紀，アメリカのカリフォルニアでゴールドラッシュが生じたのにつづいて，南アフリカでダイヤモンドが発見された。世界中の人びとが予想もしなかったこの出来事は，ヨーロッパ全土に経済的な大混乱を引き起こした。南アフリカは当時イギリスの植民地だったため，莫大な量のダイヤモンドをめぐって，イギリス人と南アフリカに入植していたオランダ系住民（ボーア人）のあいだで，ボーア戦争とよばれる熾《し》烈《れつ》な戦いがくりひろげられることになった。…………………………………………………

第３章

ダイヤモンドの時代

⇨南アフリカで発見された最初のダイヤモンド「ユーレカ」──21.25カラットの原石から，カットされて10.73カラットとなった。このダイヤモンドは，1866年に偶然発見された。

（左頁）南アフリカのキンバリー──この町は，「ユーレカ」発見を契機として誕生したダイヤモンド鉱業都市である。

1866年の，南アフリカの大狂騒

17世紀中ごろ以降，南アフリカの町ケープには，オランダからの移民が入植していた。しかし19世紀にイギリスがケープを占領したため，ボーア人とよばれていたオランダ系住民はその地を逃れ，新しい土地にトランスヴァール共和国とオレンジ自由国を建国した。これらの国々は広大な領土を持っていたが，わずかな土地をのぞいて，農業にはほとんど適していなかった。そのような場所で，あるとき奇跡が起こったのである。

オレンジ自由国を流れるオレンジ川の沿岸のデ・カルク農場に，エラスムス・ヤコブという少年が住んでいた。ある日彼は配水管のつまりをとりのぞくための棒を探しに，川の土手へ行った。ふと見ると，砂利のなかに，きらきら輝く石があった。あまりにも美しかったので，彼はその石を家に持ちかえった。

これがのちに「ユーレカ」と名づけられる，南アフリカで発見された最初のダイヤモンドである。この21.25カラットの原石は，1867年から68年のパリ万国博覧会で展示するために，ケープ植民地総督の手でロンドンへ送られた。ヤコブ家にはこのダイヤモンドの賠償金が支払われることになっていたが，それほど価値のない普通の石だからという理由で，ヤコブ家は最後まで金銭を受けとらなかった。

⇙ダイヤを探す人びとのキャンプ──「ユーレカ」の発見以降，南アフリカではダイヤモンドの発見があいついだ。1869年にはホープタウン地方で，ブーイという名前の羊飼いが，宝石愛好家の農民シャルク・ファン・ニーカークのもとへ，83.5カラットのダイヤモンド原石を持ちこんだ。ファン・ニーカークは即座に，そのダイヤモンドを500頭のヒツジと10頭の牛と１頭の馬と交換した。そのニュースはまたたくまに広まり，何千人もの人びとが押しよせてきた。

ブーイが発見した石は「南アフリカの星」と名づけられ，47.75カラットのペア・シェープト・カット（洋ナシ形）のダイヤモンドになった。このダイヤモンドは，1974年にクリスティーズの競売でふたたび姿をあらわした。

〔右頁下〕ダイヤモンドを探す人びと──採掘者たちのキャンプには，銀行，弁護士事務所，洗濯場，ゴールドラッシュのときにアメリカの西部につくられたような酒場が続々と誕生していった。そのなかでもっとも金持ちになったのは，酒屋だった。

無秩序な採掘者たち

「ユーレカ」以降，同じ地域でいくつものダイヤモンドが地元の農民たちによって発見された。そのなかには，83.5カラットの有名な「南アフリカの星」も含まれている。そのニュースは，たちまち国境を越えて広まっていった。

⇧ダイヤモンド鉱山の場所──ダイヤモンド鉱山は，オレンジ自由国のデュトア・パン，バルトフォンテイン，デ・ビアス，キンバリーで最初に発見された。のちにトランスヴァール共和国のプレトリアとヨハネスバーグ近郊でも，見つかっている。

1870年には，何百，何千という人間が，道具も持たないまま，ヴァール川やオレンジ川の土手に押しよせてきた。船乗りたちも船をおり，ケープから1000キロメートル離れた鉱床に向けてまっしぐらに進んだ。ガタガタ揺れる荷馬車で，旅は何週間もかかったが，現場では人びとが先を争って河岸に穴をあけた。各人が決められた大きさの小さな区画を持ち，そこにテントを張り，石をひとつひとつ選りわけた。すばらしいダイヤモンドの発見があいつぎ，人びとは宝探しに夢中になった。

こうして川のまわりには，労働者，商人，詐欺師たちが集まるキャンプができた。しかしそこは，あまりにもひどい無法地帯だった。そこですぐに，厳し

い規律と勤勉な態度で人びとを導く人物が登場し，彼らにひきいられた組織が誕生していった。その代表は，かつては船乗りで，カリフォルニアの砂金採集者でもあったイギリス人，スタッフォード・パーカーである。彼は屋外でダイヤモンドを採掘する人びとを守るため，オレンジ自由共和国の建国を宣言した。

やがて採掘者たちは，第2鉱床である河岸を離れ，数キロメートルさかのぼった第1鉱床に向かった。そこにはダイヤモンドを大量に含むキンバーライトという岩があった。地元の農民は，ダイヤモンドが産出する自分たちの土地を非常な高値で売りはらった。それらの場所は，デュトア・パン，バルトフォンテイン，デ・ビアス（この土地を所有していた農民の名前からつけられた。のちに，ダイヤモンド産出会社のデ•ビアス社で有名になる），キンバリー（1871年7月に発見され，当時のイギリスの植民地担当大臣の名前をとって名づけられた）という名前の鉱山で知られている。

⇩南アフリカのプレミア鉱山から採掘されたキンバーライトと，その中央に見えるダイヤモンドの原石──ダイヤモンドの母岩であるキンバーライトは，最初に鉱山が発見された南アフリカの都市キンバリーから名づけられた。これは青または灰色がかった斑点のあるめずらしい岩で，おもに雲母とカンラン岩からできている。

最初のダイヤモンド鉱業都市キンバリー

キンバリー鉱山だけで，1874年には430の鉱区があった。採掘者たちは「ビッグ・ホール」とよばれる巨大な坑道のなかで，昼夜を問わず働いた。坑道の底には水が不足していたので，人びとは乾いた土を手で選りわけなければならなかった。また鉱石や人間を深い穴のなかから地上へ引きあげるためには，馬で巻揚げ機を操作する方法しかなかった。キャンプ地は急速に拡大し，さまざまな宗派の教会，銀行，遊技場，トタンや木やレンガでできた家，食料品屋の売り台，食堂がつくられ，やがて文字どおりの都市に発展した。

1872年から74年の2年間，キンバリーとその近郊からは年間100万カラット以上のダイヤモンドが産出した。そのころにはボーア人，土着民，かつての黒人奴隷，外国の兵士など，多種多様な人びとが世界中からやってきて，鉱山で働いていた。しかし「ビッグ・ホール」が深くなり，かたくて青みがかった岩を掘るようになるに

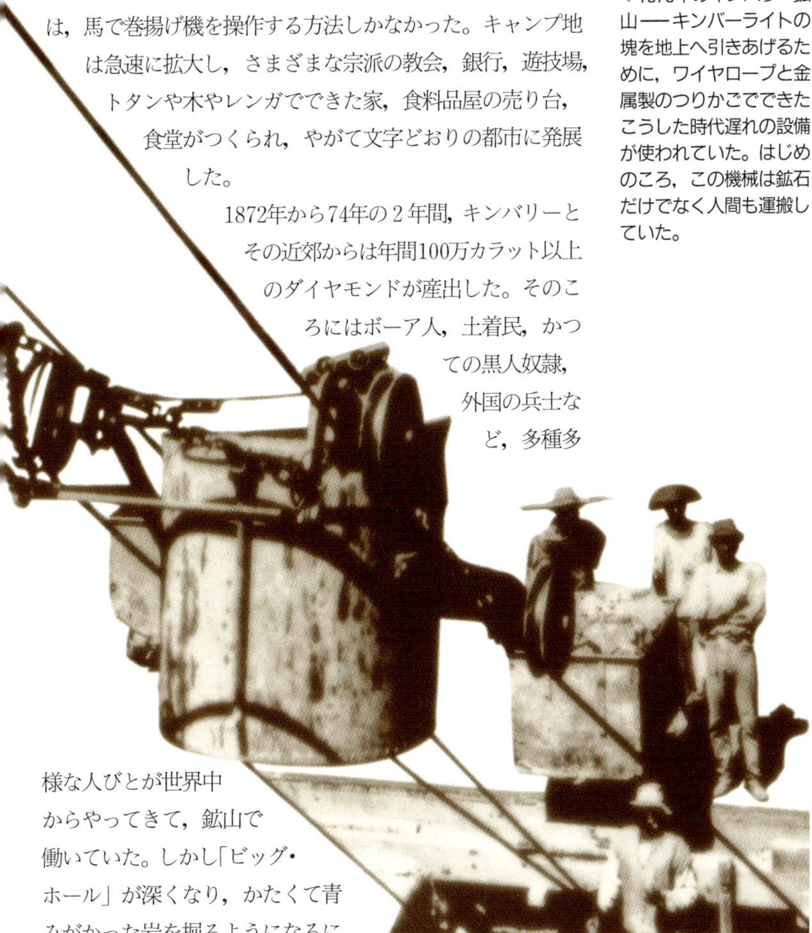

〔左頁上〕1877年のコールズバーグ・コピエ鉱山——この土地が不規則な階段状になっているのは，採掘者がそれぞれ思い思いの方法で，ダイヤモンドの採掘にあたっていたからである。

⇩1878年のキンバリー鉱山——キンバーライトの塊を地上へ引きあげるために，ワイヤロープと金属製のつりかごでできたこうした時代遅れの設備が使われていた。はじめのころ，この機械は鉱石だけでなく人間も運搬していた。

つれて，それまでの採掘方法は時代遅れで，効果がなく，危険だということがあきらかになった。

落盤で採掘者が命を落とすようになると，鉱山保護事務局は各人に分担金を支払わせ，危険対策に必要な措置を講じた。採掘者たちも，職業委員会をつくった。新しく設立された資金のある会社はすべて，キンバーライトを地上へ運ぶために欠かせない重機を購入するようになった。この時期は南アフリカでダイヤモンドの産出量がもっとも多く，ヨーロッパにおけるカット職人への注文も最高潮に達した。

しかし1870年代中ごろからダイヤモンド熱は衰え，1894年までの約20年間，危機的状況がつづいた。市場での需要は急激に減り，原石１カラットあたりの価格は60パーセントも下落した。キンバリーとその地方の鉱山は大混乱に陥り，採掘者たちは自分たちの鉱区を，新しくできた会社に大急ぎで売りはらった。

そのころ，牧師の息子で結核療養のためにケープへやってきたイギリス人のセシル・ローズという人物が，南アフリカのダイヤモンド業界を牛耳《きゅうじ》ろうとしていた。彼はまずデ・ビアス鉱山を買いとり，その後約10年間でケープ鉱山フランス会社と，４つの会社（そのうちのひとつは，この地での覇権をめぐって彼と争っていたイギリス人バーニー・バーナートの会社だった）が保有していたキンバリー鉱山を手に入れた。

1888年３月13日，ローズは世界最大のダイヤモンド産出会

⇙20世紀初頭のデ・ビアス鉱山――デ・ビアス兄弟は1871年に，自分たちの農地を売却する羽目に陥った。彼らははじめ，発見されたダイヤモンドの25パーセントを得るという条件で，人びとに自分たちの土地の採掘権をあたえていたが，たちまち大勢の採掘者が押しよせたため，もっと平穏な土地で暮らすことに決めたのである。デ・ビアス兄弟の土地は，世界最大のダイヤモンド産出会社デ・ビアスの名前に残ることになる。

社デ・ビアス社を設立し，その10年後には全世界の市場に出まわるダイヤモンド原石の90パーセントを支配するようになった。ローズは政界にも進出し，ケープ植民地の首相にまでなっている。

デ・ビアス社による独占

1899年，デ・ビアス社は南アフリカの鉱山の大半を管理下に置いた。セシル・ローズはボーア人がイギリス人に対して起こした暴動に抵抗し，鉱山と住民を敵の軍隊から守り，包囲されたキンバリーを守りぬいたが，その後まもなく1902年に亡くなった。

同じ年，強大な「デ・ビアス帝国」を揺るがす出来事が起きた。トランスヴァール共和国のプレトリアから40キロメートル離れた場所で，新しい鉱山が発見されたのである。プレ

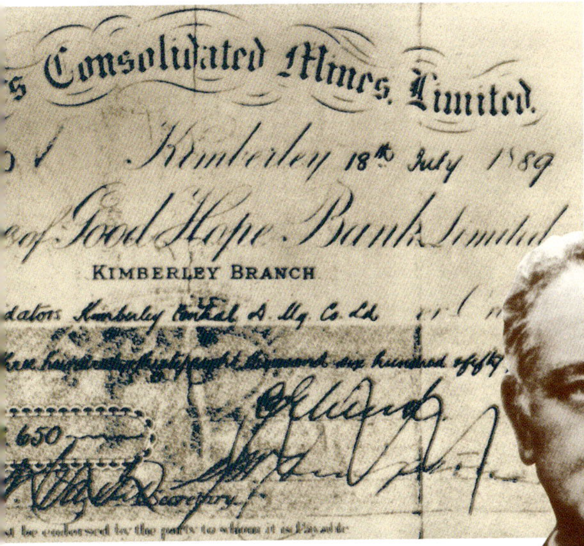

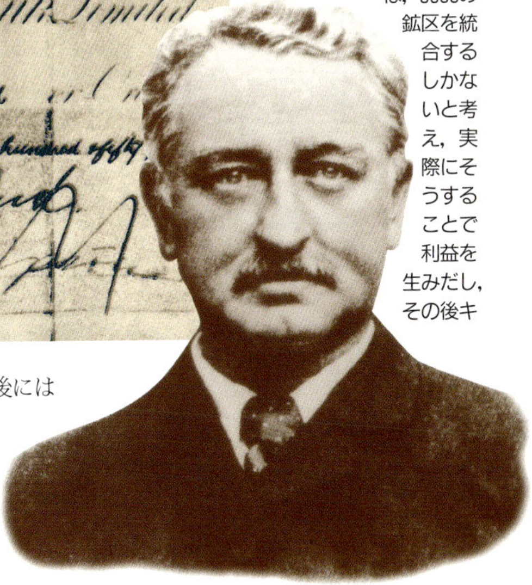

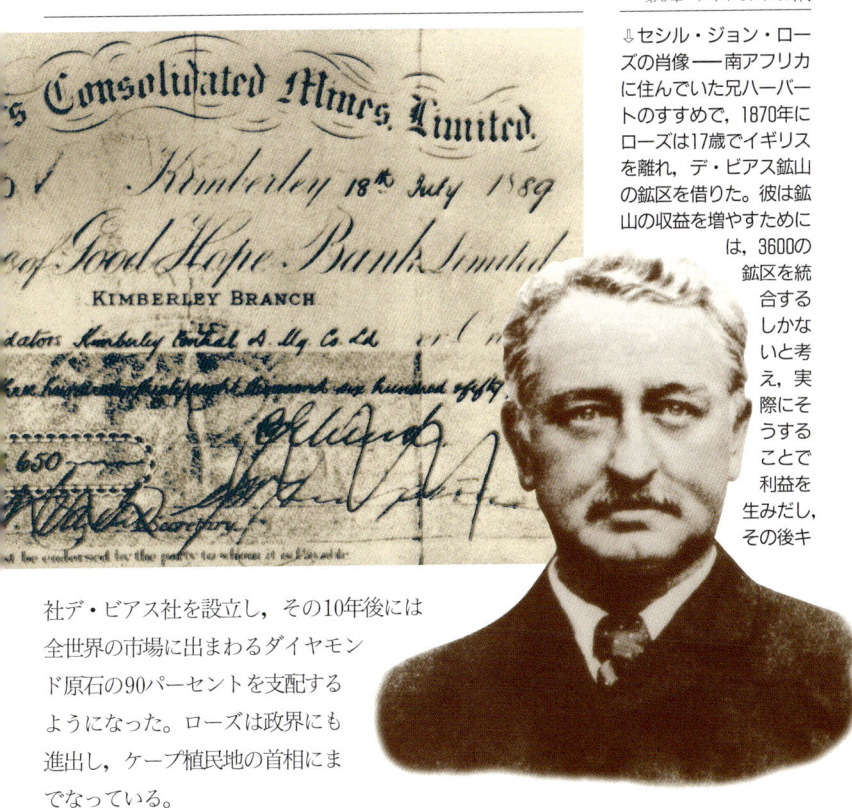

⇩セシル・ジョン・ローズの肖像――南アフリカに住んでいた兄ハーバートのすすめで，1870年にローズは17歳でイギリスを離れ，デ・ビアス鉱山の鉱区を借りた。彼は鉱山の収益を増やすためには，3600の鉱区を統合するしかないと考え，実際にそうすることで利益を生みだし，その後キンバリー・セントラル社を533万8650ポンドで買いとった。

⇖ローズがキンバリー・セントラル社を買いとったときの小切手――この小切手から，デ・ビアス社のダイヤモンド市場に対する独占がはじまったのである。

⇦オッペンハイマー一家——1920年代はじめ，アーネスト・オッペンハイマーは，南西アフリカ・コンソリデーテッド・ダイヤモンド・マインズ社を設立した。この会社はすぐに，南アフリカのダイヤモンド原石の5分の1近くを産出するようになる。1933年に，彼は南アフリカの4大生産者が出資したダイヤモンド・コーポレーションをつくった。

ミア鉱山とよばれるその鉱山からは，それまでで最大の3106カラットものダイヤモンド原石「カリナン」が採掘された。プレミア鉱山の産出量は，デ・ビアス社が所有する全鉱山の産出量にほぼ等しかった。その上，とくに1908年に，現在のナミビアにあたる地域の砂礫層の鉱床に，ダイヤモンドラッシュの初期のころと同じように大勢の人が押しよせたのである。

「デ・ビアス帝国」を再建したのは，ロンドンの大きなダイヤモンド商社に勤めたあとデ・ビアス社の経営に参加するようになった，アーネスト・オッペンハイマーという人物だった。デ・ビアス社の力を揺るぎないものとするために，彼は1933年にロンドンでアフリカの生産者の大半を統括するダイヤモンド・コーポレーションと，デ・ビアス社の子会社で全世界の大部分のダイヤモンドを買取，選別，ストックして合理的に国際市場へ流通させるための中央販売機構（CSO）を創設した。

また南アフリカの現場では，主要なダイヤモンド採掘業者から独占的な管理権を得るための交渉を行なった。新しい業

者の手で新しい鉱床が発見されることは，デ・ビアス社にとって重大な危険につながりかねないからである。

新しい鉱床が発見されると，すぐに一攫千金を夢見る人びとが押しよせてきた。1926年には南アフリカ北東部ヨハネスバーグの東200キロメートルのリヒテンバーグで砂礫層の鉱床が見つかり，3年間で何千人もの採掘者が合計450万カラットのダイヤモンドを掘りだした。同じ年，オレンジ川の南にも，同じタイプの鉱床が発見された。アフリカ南西部のアンゴラとアフリカ中部のコンゴでもかなりの量のダイヤモンドが

⇩採掘権を得るために競走する人びと──「数週間で，人びとはヴァール河岸とオレンジ自由国の領土内でいくつものダイヤモンドを集めた。(略)
4月には，南アフリカの道路は世界中から来た財宝探しであふれかえった。(略)あるジャーナリストはこう書いている。
『頭のなかで，彼らはダイヤモンドの畑が，ヴァール川の岸辺の風になでられた草の上のしずくのように，あるいは田舎の道の霜のようにきらめいているのを見ていた』」。
グレアム・マスタートン『キンバリーのダイヤモンド』

産出され，国際市場に出まわるようになった。

「ダイヤモンドは永遠の輝き」

アーネスト・オッペンハイマーによって立てなおされたデ・ビアス社は，1930年の世界恐慌時にも，管理下にあるダイヤモンドの大部分をストックし，捨て値で市場に出すことを控えて危機を乗りこえた。彼のダイヤモンド取引の手腕は，いまなお語り草になっている。1957年にアーネストが亡くなると，息子のハリーが経営権を握った。彼は早くも1947年に，当時生まれつつあった商業広告に目をつけ，アメリカの広告会社エア社に依頼して，「ダイヤモンドは永遠の輝き」というキャッチフレーズを世のなかに送りだした。このキャッチフレーズは世界中に広まり，人びとのダイヤモンド購買意欲をかきたてることに成功した。

1950年代には，スペインの画家ピカソやダリがデ・ビアス社の広告キャンペーンに作品を提供したため，それ以降，ダイヤモンドのイメージは芸術や創造性と深く結びつくことになった。

大規模な取引

中央販売機構（現DTC）は，現在もロンドンにある。その巧妙で独善的な販売方法からダイヤモンド商人たちに「シン

⇖ロンドンのDTC（中央販売機構）本部——この建物のなかで，世界中のダイヤモンド原石の大部分が取引される。デ・ビアス社に選ばれたもの以外には閉ざされたこの建物には，ダイヤモンドを正確に鑑定する環境がすべて整っている。たとえば北向きの大きなガラス窓は，質の良い自然の光をとりいれるためのものである。

ジケート」とよばれているこの組織は，世界20ヵ国からやってくるダイヤモンド原石の70～75パーセントを支配下におさめている。各国から到着した原石は，重さ，形，輝き，色によって1万4000種類に分類されたあと，デ・ビアス社がとくに認めた個人や会社だけに販売される。

DTCは1年に10回，ロンドンで行なわれる非公式の販売会に彼らを招待する。顧客はそこでほとんど商品を見ず，一山単位で原石を購入する。それらの原石は，あらかじめ電話でことこまかく相談した上で決められている。顧客は実際に購入したあと，自分たちが考えていたとおりの商品であるか，莫大な投資に見あった内容の石かを知るのである。だが何百万ドルもの現金が動くこの販売会で，トラブルが起こることはめったにない。

⇦ダイヤモンドの原石――ベルギーのアントワープをはじめとするダイヤモンド加工で知られる世界各地のダイヤモンド商人は，DTCから自然の結晶の形をした原石を，「サイト（sight）」と呼ばれる独特の方法によって，一山単位で購入する。この方法を「サイト（見ること）」と呼ぶのは，一山のダイヤモンドを「一目見て」，その一部だけではなく全部まとめて買わなければならないからである。

カット革命――エドワード7世と「カリナン」

1904年に，トーマス・カリナンという人物が南アフリカのプレミア鉱山を手に入れた。彼はこの鉱山からすばらしいダイヤモンドが産出すると信じていたが，それは現実のことになった。1905年1月26日17時，作業員のひとりが

⇩デ・ビアス鉱山から産出したダイヤモンドの選別――デ・ビアス社の専門家が，販売するためのダイヤモンドを分類しているところ。

世界最大のダイヤモンドを発見したのである。長さ11センチメートル，幅5センチメートル，高さ6センチメートル，重さ621.2グラム（3106カラット）の石で，以後，これ以上大きなダイヤモンドは見つかっていない。

カリナンはこのダイヤモンドに自分の名前をつけ，トランスヴァール政府に当時の価格で75万ドルで売却した。そのニュースは，世界中をかけめぐった。

トランスヴァール政府はイギリス王エドワード7世の誕生日を祝うために，このダイヤモンドを贈ることにした。「カリナン」は普通小包で郵送され，無事ロンドンへ到着した。一方，封印された謎めいた箱が王室の船に乗せられて南アフリカを出発した。世界中の人びとがこの箱には「カリナン」がおさめられていると思っていたが，実際に入っていたのはダイヤモンドの形にカットしたガラスの塊だった。これは組織化された国際盗賊団の目を欺《あざむ》くための策略だったのである。

1905年9月15日に王宮で行なわれた数時間にわたる非公式な謁見で，エドワード7世はアムステルダムの有名な宝石カット職人アッシャー兄弟に「カリナン」のカットを依頼した。アッシャー兄弟は1903年に，南アフリカのヤーガースフォンテイン鉱山で発見された995カラット（世界で2番目に大きい）のダイヤモンド「エクセルシオール」のカットでその見事な腕前を見せていた。「カリナン」は，大きさの異なるいくつかの石に分割され，カッ

トされることになった。

記念すべきその日は，1908年2月10日だった。「カリナン」が割れた瞬間，カット職人ジョセフ・アッシャーは自分の仕事が失敗したのではないかと思って気を失った。しかしすべては順調に進み，「カリナン」は9個の大きな石と96個の小さな石に分割された。それらすべてをカットして最終的に仕上げるまでには，数ヵ月の期間が必要だった。

「カリナン」からカットされたなかでもっとも大きなダイヤモンドは，「グレート・スター・オブ・アフリカ」ともよばれる530.2カラットの「カリナン1」で，世界一大きなダイヤモンドである（残りの8つの大きな石は，「レッ

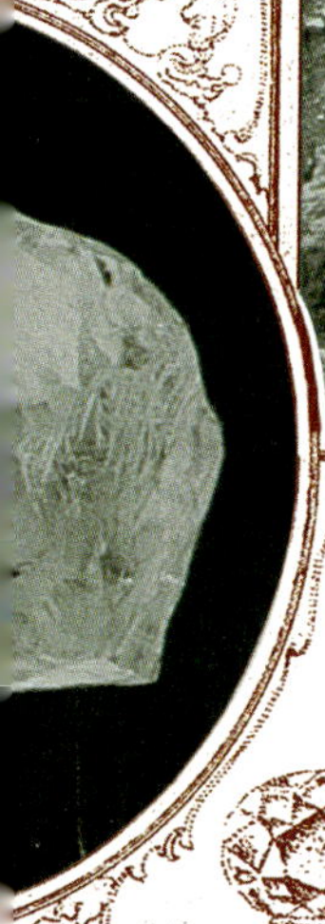

⇦「カリナン」の関連写真。

⇧ロイヤル・アッシャー社のメンバー――3106カラットの「カリナン」原石（中央）から，アッシャー兄弟がカットした合計105個のダイヤモンドの重さは1055.9カラットで，約65パーセントが失われたことになる。

イギリス王エドワード7世は，カットされたなかでもっとも大きな「カリナン1」（右頁下と次頁）と，2番目に大きな「カリナン2」（左頁下と次頁）を王室宝飾品のなかに加えた。それらは現在，ロンドン塔に保管されている。

エドワード7世は11.5カラットの「カリナン6」も，王妃アレクサンドラに贈っている。

ロンドン塔の財宝

「レッサー・スター・オブ・アフリカ」とも呼ばれる317.4カラットの「カリナン２」（右頁左下）は，クッション・カットのダイヤモンドで，イギリス王の王冠にセットされている(左頁)。この王冠には，14世紀にイギリス王エドワード３世の長男で「黒太子」と呼ばれていたエドワードに贈られたことから「黒太子」と名づけられている317.4カラットのルビー（実際にはルビーではなく，スピネルである）も飾られている。

「グレート・スター・オヴ・アフリカ」とも呼ばれるペア・シェープト・カットの530.2カラットの「カリナン１」(右頁左上）は，現在のところ，カットされた無色のダイヤモンドとしては世界最大のものとされる。このダイヤモンドはイギリス王室の杖にセットされているが（右頁右)，とりはずしてブローチにすることもできる。

ペア・シェープト・カットの94.4カラットの「カリナン３」（右頁左中）は，1911年の戴冠式でメアリー王妃の王冠型髪飾りにセットされていた。

⇧（右頁上）ダイヤモンドの原石に見られるトライゴン――ダイヤモンドは，8面体で結晶することが多い。結晶の表面には，同じ方向に並んだ正三角形の，浅くくぼんだトライゴンと呼ばれる跡が良く見られる。ゆっくりと結晶化されれば完璧な結晶となり，表面は平らでなめらかになる。結晶の成長中に周囲で変化や混乱が起きれば，多少なりとも大きなトライゴンができることになる。

サー・スター・オブ・アフリカ」とよばれる)。アッシャー兄弟は仕事の報酬として，105個に分割された石のうち102個をエドワード7世から受けとった。これらの石は1910年に，南アフリカの首相ルイス・ボータが議会の同意を得て買いもどし，のちのメアリー王妃となるイギリスの皇太子妃に贈られた。

こうして光がやってきた!

ジョセフ・アッシャーのように，現代のダイヤモンド・カット職人はみな深刻なジレンマに直面している。石に輝きをあたえるには，それを分割したり加工したりしなければならないが，そうすればもとの見事な原石を著しく小さくしてしまうことになる。傷や不純物が残ることで価値がさがっても，原石の重さを保つ必要があるのか。それとも，60パーセントの重さを失ってでも，すばらしい輝きで見るものの目を楽しませたほうが良いのか。

17世紀まで，このようなことは問題にならなかった。昔のカットは，8面体の原石にある角をとっただけのものだから

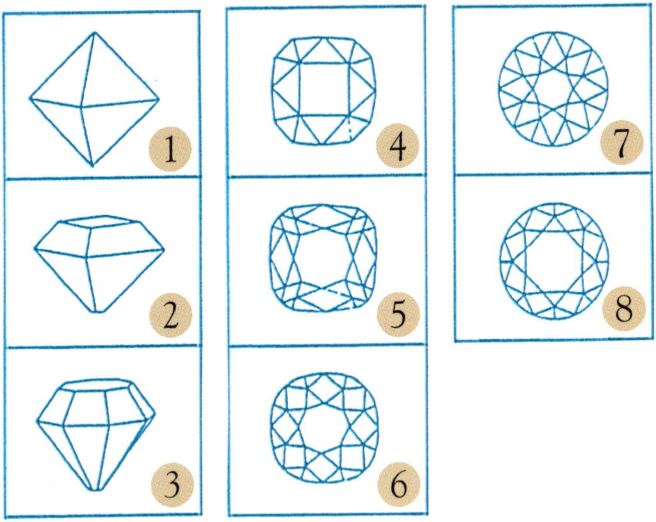

⇖ダイヤモンドのさまざまなカット──ダイヤモンドは非常にかたいので，カットにもいろいろな工夫が必要だった。14〜15世紀には，カットされていない8面体（図①）のままで利用されていた。16世紀には「テーブル・カット」(図②)が，16〜17世紀には「エイト・カット」（図③）が登場した。17世紀になると「マザラン・カット」（図④）が，そのすぐあとから18世紀まで「ペルッツィ・カット」（図⑤)が見られるようになった。18世紀末から19世紀初頭には「オールド・マイン・カット」(図⑥)が流行し,「エンシャント・カット」（図⑦）は「ブリリアント・カット」（図⑧）に発展した。

である。つまり上部の角はとって平面をつくったが，下部にはほとんど手を触れなかったので，もとの重さが比較的保たれていた。

ダイヤモンド・カット職人はたえず自分の仕事場で，すばらしいカットを考案しようと努力を重ねてきた。そしてついに，ダイヤモンドの輝きを最大限に発揮することのできる，57面か58面からなる「ブリリアント・カット」が完成したのである。この「ブリリアント・カット」が，こんにちもっとも普及しているカットである。石をひとつだけはめたダイヤモンドはすでに，誰もが手の届くものとなっている。国際的に増大しているダイヤモンドの需要にこたえるため，ダイヤモンドのカットは，これまでのアムステルダム，アントワープ，イスラエルのテルアビブといった伝統的な工房に張りあう形で，ロシアのスモレンスク，インドのボンベイにつくられた巨大な工場で大規模に行なわれている。

⇖「センテナリー」――この599カラットのダイヤモンドの原石は，世界で3番目に大きいダイヤモンドである。この石は，1986年7月に南アフリカのプレミア鉱山で発見された。プレミア鉱山はあの「カリナン」をはじめ，400カラット以上の原石の4分の1と，約300個の100カラット以上の原石を産出している伝説的な鉱山である。

「ブリリアント・カット」

ブリリアント・カットはおそらく17世紀初頭に，イタリアのヴェネツィアで生まれた。その多くは丸いラウンド・カットに仕上げられるが，洋ナシ形のペア・シェープト・カット，ボート形のマーキーズ・カット，ハート形カットでも使われる。

まず最初に，8面体の原石の角をカットする。次に，光の屈折を考えながら全体をカットする。ブリリアント・カットの具体的な方法は，現在ではもう秘密ではなく，公開されている。

原石はまず，「劈開《へきかい》」か，または「ダイヤモンドカッター」で切断する。老練のダイヤモンド・カット職人でも非常に難しい劈開は，一定の面に沿って割れる結晶内部の構造を利用して，あらかじめ表面に引かれた墨汁の線に合わせて衝撃を加え，石を分割する方法である。結晶内部の構造によっては，ダイヤモンドカッターで切断することもある。きわめて精密な回転ダイヤモンドカッターを使うが，1時間に1ミリメートルしか切れないため，大変な集中力と時間を要する。

そのあと，カットするダイヤモンドを別のダイヤモンドで

⇦「センテナリー」のカット ── 特別なダイヤモンドは，特別な手順でカットされる。「センテナリー」のカットに際しては，調査から仕上げまで，1988年から91年の3年間かかった。

カットされた「センテナリー」は273カラットで，ハートと盾から着想を得た個性的な形をしている（⇩）。カット作業は，デ・ビアス社のダイヤモンド・リサーチ研究所の地下室で，世界的なダイヤモンド・カット職人ガビ・トルコフスキーによって行なわれた。彼が最初の5ヵ月間に手がけたのは，好ましくない部分を伝統的な手作業でとりのぞくことだった。研磨作業は9ヵ月以上，最終的な仕上げには3ヵ月かかった。

こすり，形を整える。そして最後に，ダイヤモンド粉末を固着した研磨盤でカットする。表面を正確にずらしながら，57面あるいは58面のすべてを磨く。1カラットのブリリアント・カットのダイヤモンドを得るには，通常2.5カラットの原石が必要となる。

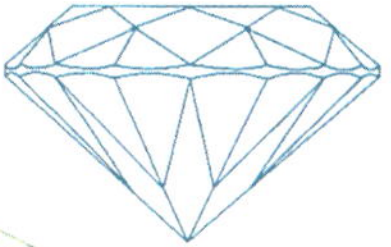

個人が所有する有名なダイヤモンド

マクリーン夫人は，それが所有者に不幸をもたらすといわれていたにもかかわらず，44.5カラットの伝説の青いダイヤモンド「ホープ」を1910年に購入した。

左頁はネックレスにして身につけられた「ホープ」。髪飾りについているのは，94.8カラットのダイヤモンド「東の星」。

右頁は，インドール(インド中部) のマハーラージャ，ラオ・ホールカル3世の肖像画。ネックレスには，46.95カラットと46.7カラットのダイヤモンドがついている。アメリカの宝石商ハリー・ウィンストンはこれらの石を1946年に購入し，再カットした。

⇧ダイヤモンドの王冠型髪飾りを身につけた女優エリザベス・テーラー——彼女が夫のリチャード・バートンから贈られた69.42カラットのダイヤモンドは，「テーラー＝バートン」と呼ばれている。

「4つのC――カラット，カラー，クラリティ，カット」

ダイヤモンドの品質は，「4つのC」によって示される。カラット(carat)，カラー(color)，クラリティ(clarity)，カット(cut)，つまり重量，色，透明度，研磨である。

ダイヤモンドの重さについては，異論の余地はない。カラットは宝石の質量をあらわす単位で，1カラットが0.2グラムに相当する。これは，はるか昔，イナゴマメの種子がほぼ一定の重さだったことから分銅として利用されていたことに由来している。石が大きければ1カラットあたりの価格は増大し，供給も激減する。

カラット以外の「C」については絶対的な基準がなく，人間の目だけが頼りである。色に関しては純粋な無色はめったになく，純粋な無色のように見えても実際にはわずかに黄みを帯びている。無色透明を最高の「Dカラー」として，黄みが濃くなるにつれて「Zカラー」までのグレードにわけられる。

無色のダイヤモンドの輝きはすばらしいものだが，色のついたダイヤモンドも忘れることはできない。色のついたダイヤモンドは，希少性によって価値のランクがある。赤と緑がとくに貴重で（この2色は，1カラット

〔右頁上〕「ラージ・レッド」――めったにないが，ダイヤモンドのなかには色のついたものもある。なかでも，赤と緑のダイヤモンドはきわめてめずらしい。このインド産の2.3カラットの赤いダイヤモンド「ラージ・レッド」は，おそらく伝説のゴルコンダ鉱山のもので，カットからすると2～5世紀に採掘されたものらしい。

⇦大富豪のマハーラージャが所有していた65.6カラットの「ゴールデン・マハーラージャ」

⇩黄色のダイヤモンド「ティファニー」――1879年にニューヨークの宝石商ティファニーが手に入れた128.51カラットのダイヤ。1878年にキンバリー鉱山で発見された287.42カラットの原石からカットされている。

以上の石はめったにない)，それにつづいてピンクもかなり価値が高く，そのあとが青と黄色である（この２色は，かなり良く見られる)。色のついたダイヤモンドは石そのものの希少性に加えて，世界中の収集家が熱心に手に入れようとしているため，価格が高騰する。

1984年に美術品競売商クリスティーズは，42.92カラットのペア・シェープト・カットの濃い青のダイヤモンドを1100万スイス・フランで売りに出した。1987年には同じくクリスティーズが，ニューヨークで0.95カラットの赤いダイヤモンド（赤いダイヤモンドは非常にめずらしく，記録に残されているのは世界で５個しかない）を88万ドルで売却した。その翌年には，「ラージ・レッド」（⇗）とよばれる2.3カラットのインド産の別の赤いダイヤモンドが，4200万ドルと評価された。

⇦「コンデ」──この9.1カラットのペア・シェープト・カットのピンクのダイヤモンドは，フランス王ルイ13世が30年戦争での功績をたたえてコンデ公ルイ２世に贈ったものである。現在は，パリ近郊のシャンティイにあるコンデ美術館のコレクションとなっている。

❖コロンビアやジンバブウェやマダガスカルではエメラルドが，ミャンマーやタイではルビーが，スリランカやカシミール地方（インド亜大陸北西部）ではサファイアが，採掘者たちの手で産出されている。サザビーズやクリスティーズの競売で非常な高値で取引され，権力者たちの王冠を飾るさまざまな色の美しい宝石は，採掘者たちが大変な思いをして水と泥のなかから引きあげたものなのである。……………………………………………………

第 4 章

カラー・ストーンの時代

〔左頁〕ルビー（上），エメラルド（中），サファイア（下）──ルビーとエメラルドにはクロムが，サファイアにはチタンと鉄が含まれているため，このような色になる。

⇨コロンビアのエメラルドの原石。

エメラルド採掘の中心地，コロンビア

アメリカ大陸が「発見」されると，大量のエメラルドがヨーロッパにもたらされるようになった。それ以来5世紀にわたって，南アメリカはエメラルドの主要な産地となっている。

コロンビアでは，ムソー，チボール，コスクエス鉱山で10世紀から採掘がはじまった。ムソー鉱山のエメラルドはとくにすばらしく，あざやかでなめらかなその緑色は，それほど青みや黄みを帯びていない。これらの鉱山は露天掘りで，手作業，あるいは機械を使って採掘が行なわれている。

首都ボゴタは，エメラルド取引の一大中心地となりつつある。エメラルドの販売，カット，処理の専門家たちが町中で働いている。エメラルドの処理が行なわれる建物のなかからは，酸と樹脂の蒸気が澄みきった空に発散されている。酸はエメラルドの亀裂を洗い，不純物をとりのぞくために，樹脂は清潔になった亀裂を埋め，石に完璧な輝きをあたえるために使われる。しかし誠実な職人が拒否するようなこうした処理は，結局のところ最悪のものだといえる。

100カラット単位で行なわれる取引は，数日，あるいは数週間かかることもある。電話一本で世界中のバイヤーが押しかけてくるが，ヨーロッパからの買い手はしだいに少なくなり，たいていはアメリカやアジアからやってくる。非常に熱心な買い手は朝の6時に採掘現場へ駆けつけ，一番良い石を採掘者から直接買おうとする。コロンビアでは私有鉱山の場合，6ヵ月の契約（契約更新はめったにない）で雇われる採掘者は，ダイナマイトで爆破したあとの地面にあるエメラルドをすべて自分のものとする権利を持っているからである。もちろん，大きな石は鉱山の所有者あるいは権利獲得者のもので，それらの石はボゴタに送られる。

一方，川の上流の低い谷間には，何千人という単位で不法な採掘者が湿気と虫でぼろぼろになった非衛生的な仮小屋に住んでいる。彼らは社会からはじきだされた貧しい人びとで，

⇧ムソー鉱山で働く不法な採掘者たち――鉄条網が張りめぐらされた正式な鉱区の向こう側では，不法な採掘者が働いている。エメラルド熱に侵された2万人ほどの人びとが，上の鉱山から吐きだされた泥をふるいにかけている。現場は殺伐とした雰囲気で，ひんぱんに犯罪が起き，ときに暴力沙汰となることもある。採掘者たちは，完全武装した監視人がいる私有の鉱区で働いている。

男も女も子どもも老人も体が不自由なものもみな，エメラルドを発見することを夢見て，汚れた汗にまみれながら，来る日も来る日も鉱山から吐きだされる泥を必死にさらっている。

コロンビアに対抗するようになったブラジル

　ブラジルではようやく1910年になってから，北東部バイア州のボン・ジェズース・ドス・メイロス地方で，非常に美しい緑色のエメラルドが採掘されるようになった。南アメリカのエメラルド伝説は1000年にもさかのぼるのに，それまでブラジルでエメラルド鉱山の調査が行なわれなかったのは驚きである。

しかし30年ほど前から，ブラジルはエメラルドの主要な産地となっている。輸出用エメラルドの大半が産出しているのは，バイア州のブルマード，コンキスタ，ピラオ・アルカード，カルナイーバ鉱山，南東部のミナス・ジェライス州，中西部のゴイアス州，南東部のエスピリト・サント州の鉱山からである。

⇧ザンビアのエメラルド鉱山──イスラエルはザンビアのエメラルドを大量に購入し，テルアヴィヴでカットしている。1980年代には，2000万イギリス・ポンド以上に相当するエメラルドを輸入したとされる。正式な数字はわからないが，この金額から，かなりの量が産出されていたと考えられている。現在，パキスタン北西部のスワート峡谷では，政府の鉱山が閉鎖されたあと私有鉱山でエメラルドが採掘されている。またアフガニスタンのパンジシール渓谷で産出するエメラルドは，ソ連に対する抵抗運動に資金の一部を供給したといわれている。

緑のアフリカ

アフリカ南部のアンゴラとモザンビークのあいだに位置するザンビアでは，1970年代からミク鉱山でエメラルドが産出している。当初はその大半がフランス市場向けだったが，現在は直接イスラエルが購入し，テルアヴィヴでカットされている。ザンビアのエメラルドは青みを帯びた緑色が非常に個性的で，日本とアメリカで大変好まれ，コロンビアのエメラルドと同じ相場で取引される。

1927年に最初のエメラルド鉱山が発見された南アフリカから産出される石には，わずかに白い斑点がついているものがある。1956～57年にサンダワナ鉱山で非常に美しい緑色の石が発見されたジンバブウェ（旧ローデシア）は，1960年代に世界第2のエメラルド産出国となった。最近では1990年代に，マダガスカル南東のアカディラナ鉱山で72キログラムのエメラルド結晶が結合した集合体が発見されている。

貴重なコランダム，ルビーとサファイア

世界で最初にルビーとサファイアが産出したアジアでは，長いあいだこのふたつの石を区別せず，「赤いルビー」と「青いルビー」とよんでいた。それはルビーとサファイアが共に，

アルミナ（酸化アルミニウム）を主成分とするコランダムという鉱物に属していることから説明できる。さらに，両方とも宝石としてはめずらしく地表近くから産出されることも，混乱に拍車をかけた。

酸化クロムが含まれているために赤い色をしているコランダムをルビーという。そのほかのものはすべてサファイアとよび，青，紫，黄色，オレンジ色，緑，そして無色や黒のものまである。こんにち一般的にサファイアとして知られているブルー・サファイアは，チタンと鉄が含まれているため青い色をしている。

カラー・ストーンは，ある一定の基準はあっても色あいに関する評価は非常に主観的なものであるため，鑑定がきわめて難しい。ダイヤモンドとは逆に，純粋さよりも色彩のほうが重要である。色が薄くても，ちょっとした傷があっても，ありきたりの色であるより　　は好ましい。

⇩さまざまな色のサファイア──青，紫，黄色，ピンクなど，さまざまな色のこれらの石は，すべてサファイアである（色ごとに，人気に差がある）。産出国ではかなりの高値がついているので，プロのバイヤーは値切ったりさまざまな策を講じて，それらを手に入れている。たとえばスリランカに約20カラットのピンクのサファイアを探しに行ったあるバイヤーは，蝶のコレクターと偽って，いろいろな蝶を見せてもらいながら目当ての石を探し，ある日それが見つかると，宝石については無知であまり関心がないふりを装い，手ごろな値段で買うことに成功した。

ルビーはダイヤモンドやエメラルドやサファイアよりはるかに数が少ないため，収集家たちがもっとも手に入れたがっている宝石である。10カラット（2グラム）以上の純度の高い良い色のルビーは，巨匠といわれる画家の絵画に匹敵する途方もない値段で取引される。たとえば，1988年にサザビーズの競売で落札された15.97カラットのミャンマー産ルビーがついた指輪は1カラットあたり22万8252ドルだったが，同じ年にクリスティーズの競売で落札された52.459カラットのダイヤモンドがついた指輪は1カラットあたり14万2232ドルだった。

⇩「デロング・スター・ルビー」――さまざまなルビーのなかでも，ピジョン・ブラッド（鳩の血）色のルビーは，最高とされている。1938年にワシントンのスミソニアン博物館に寄贈された100.3カラットのこのルビーは，星に似た光彩を放つスター・ルビーで，非常に貴重なものである。

ルビーの楽園，ミャンマー

もっともすばらしいルビーは，現在でも「ルビーの谷」とよばれるミャンマーのモゴク地方から産出する。1400～1500年前より，この地方の鉱山から採掘されたルビーの合計は，世界の産出量の6分の5をしめている。しかし1962年に鉱山が国有化されて以来，産出量が大幅に減っている。

政府当局はルビーとサファイアの流通を厳しく統制し，無秩序に国外へ流出することのないよう目を光らせている。一方，砂礫層からなる鉱山が洪水の被害にあうことにはそれほど神経質ではない。川がふたたび姿をあらわせば問題ないからである。モゴクとマインシューの鉱山で採掘されたサファイアとルビーは政府が毎年開催する首都ヤンゴンでの競売会で，世界各国から選ばれた多くても60人の専門家だけに販売される。

世界中のルビーとサファイアの集散地，タイ

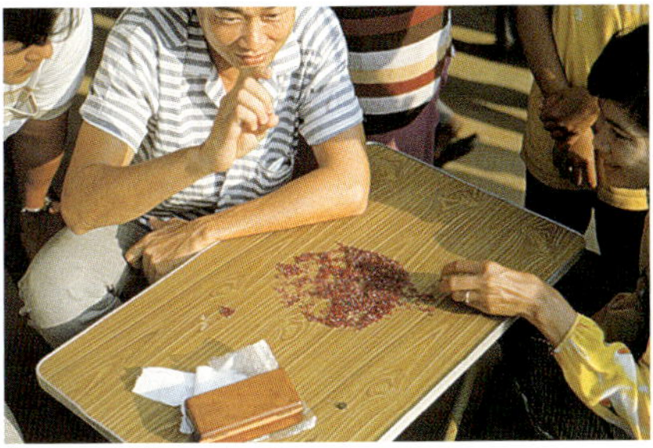

タイのバンコクには，世界中からルビーとサファイアが集まってくる。世界の市場に出まわるルビーとサファイアの大半が，タイを経由してくるのである。タイの産出者は自分の国の石だけでなく，カンボジア，ケニア，タンザニアから採掘されたルビーとサファイアの市場も支配下に置いている。彼らはそれらの国での権利を持っていて，良い原石を選んでタイに送り，処理をして販売する。

タイでの取引は，非常に単純である。歩道に置かれたテーブルの上に，鉱山経営者や採掘者が原石を持ってくる。首都バンコクから来た商人が仲介者となり，買い手に原石を売る。その後，原石は熱処理をほどこされ，カットされる。熱処理

⇙モゴクのルビー市場——ミャンマーのモゴク鉱山付近では，宝石の不法な取引を軍隊が厳しく監視しているにもかかわらず，正規の競売会を逃れたたくさんのルビーとサファイアが闇市で売られている。シャン州（東部）の州都タウンジーや，中部の都市マンダレーの南にあるニュウンウーでルビーやサファイアを違法に販売しているのは，多くの場合小規模な産出者である。

石の量が多い場合は，タイへ運ばれる。タイでも，ルビーとサファイアは大量に産出されるが，質はあまり良くない。

⇧タイにおける原石の取引——毎日朝5時ころ，商人たちはテーブルの上に石を広げ，誰にも監視されることなくそれらを販売する。

は，石の色を良くするために行なわれる。1000度以上に熱すると，ぱっとしない色の石もあざやかになり，いつまでもその色が保たれる。

スリランカの宝石

何世紀も前から有名だったスリランカの鉱山から採掘されたブルー・サファイアは，世界の産出量の約半分をしめている。さらにスリランカでは，その他の色のサファイアとルビーもかなりの量が産出される。採掘は依然として，2500年も昔からの伝統的な手工業方式で行なわれている。

島の中心地ラトナプラの入口には，大きなヤシの葉でおおわれた丸太小屋がたくさん建っていて，利益をあげる条件で政府から払いさげられた小さな鉱区をかこんでいる。人びとは垂直に深く掘りさげた坑道から第2鉱床である砂礫層へ行き，そこで石を採掘する。第1鉱床である山の岩にはルビーとサファイアが眠っているが，それらは何百万年もかかって川の水で低いところに運ばれ，砂礫層にたまったものである。

⇦スリランカの伝統的な方法で宝石を選りわけて探す人――小さな山々にかこまれた，現地の言葉で「宝石の町」を意味するスリランカ中部の町ラトナプラは，近くに鉱山があることから宝石取引の中心地となっている。

ラトナプラでは，採掘者たちが川の水に腰まで浸かりながら砂利を集め，葦で編んだかごのなかに入れる。それからそのかごを水のなかですばやく回転させ，土や小さな砂利を流す。たいていはかごの底にひとつかみの泥土が残るだけだが，運が良ければ，ルビーや見事なブルー・サファイアや，いろいろな色のサファイアや，そのほかの準宝石を手に入れることができる。

残念ながら，一部の収集家が夢中になって探している特別な色のサファイアは，めったに見つからない。それはピンクがかったオレンジ色のパパラチャ・サファイアとよばれる石で，ハスの花の色に似ていることから名づけられたものである。また，カボション・カットの見事なスター・ルビーやスター・サファイア（星に似た光彩を放つことから，このようによばれる）には，途方もない値段で取引されるものがある。

⇧パパラチャ・サファイア――ピンクがかったオレンジ色のパパラチャ・サファイアは，非常に希少な石で，スリランカでしか産出されない。

カシミール地方

カシミール産の濃い青でビロードの光沢があるコーンフラワー（矢車菊）色のサファイアは，ごくまれに市場に出るだけでめったに目にすることはできない。幻のサファイアともいわれるこの特別な石は，1881年にある猟師が，一番近い町から60キロメートル離れた標高4000メートルを超えるクディ渓谷で偶然発見したものである。当時現地の人びとは，この石を同じ重さの塩と交換していた。しかし標高の高さと厳しい気候のため，１年のうち1～2ヵ月しか採掘作業をすることができなかった。現在カシミール地方の鉱山は，採掘しつくされたと考えられていて，ほぼ閉鎖状態にある。

そのほかのサファイア産出国

オーストラリアは現在，世界一のサファイア産出国である。スリランカで昔から行なわれている伝統的な手工業方式とは異なり，広大な国土に支えられた大規模な機械的方法によって採掘が行なわれている。産出量の世界記録を持っているのは北東部クイーンズランド州のアナキー鉱山だが，ここで出るのは黒みがかった青色のサファイアである。一方，南東部ニュー・サウス・ウェールズ州のインヴェレルでは濃い青の，グレン・インズでは群青色の魅力的なサファイアが採掘されている。これらの石の大半はタイのバンコクへ送られ，そこでカットされて売りに出される。

また最近はアフリカでも，タンザニアのウンバ渓谷やマダガスカルのアンドラノンダンボでサファイアが産出するようになった。アンドラノンダンボでは1990年に，ガスト

⇩紙幣のなかにしまわれたマダガスカルの石――マダガスカルでは，宝石が包装されることはめったになく，紙幣を折ってそのなかにしまうことも多い。島の南部で採掘されるサファイアは品質が悪く，さまざまな色を帯びていて，とくに緑がかった青が多い。しかしサイズが大きいのでタイに輸出され，そこで「色を良くする」ために熱処理がほどこされる。それらの石の多くは，産地が表示されずに世界中の市場に出まわっている。

ンという名前の羊飼いが8グラム（40カラット）の非常に見事なブルー・サファイアを発見した。それ以来，マダガスカル全土ばかりかタイやほかの国ぐにでもサファイア・ラッシュが生じた。現在アンドラノンダンボでの産出量は激減したため，北部のアンビルベ地方で新しく見つかった鉱山で採掘が行なわれている。

⇧坑道を掘る採掘者――バオバブの木が豊かに茂るマダガスカルのアンドラノンダンボ鉱山には，大勢の採掘者が押しよせている。彼らは人間の巣穴のような坑道を，地面にたくさん掘っている。

好み，価格，色

カラー・ストーンの色あいは産地によって異なるが，それを見わけることができるのは専門家だけである。彼らはたとえばミャンマー産のサファイアとタイ産のサファイアを，タイ産のサファイアとオーストラリア産のサファイアを，質の良くないミャンマー産のルビーと濃く美しい赤のパキスタン産のルビーを確実に区別することができる。

エメラルドではコロンビア産，ルビーではミャンマー産，サファイアではカシミール産という具合に，有名産地の石は大きな利益を生むが，有名な宝石商の多くが，たとえばカシミール産の保証がついた中以下の質のサファイアよりも良質のスリランカ産サファイアを，ミャンマー産の保証がついた中以下の質のルビーよりも良質のタイあるいはパキスタン産ルビーを好む。

宝石の色あいは無限といえるほど多様で，しかも色鮮やかな石はめったにないため，宝石商はかなりの忍耐を強いられる。たとえば複数の石をセットしたネックレスやブレスレットをつくる場合，同じ色あいで同じ程度の石を集める必要があるため，産地に関する完璧な知識と粘り強さと運がどうしても不可欠なのである。

1959年から61年にかけて宝石商ヴァン・クリーフ&アーペルは，ダイヤモンドをあしらった豪華な飾り襟をつくるため，まったく同じ「エメラルド・カット」のエメラルドを22個揃えようと世界各地を探しまわった。ま

⇧デ・ビアス社の宣伝ポスター。
⇦エメラルドの冠をかぶったマハーラージャ。
⇩ウィンザー公妃のサファイア――長いあいだ権力者の占有物だった宝石は，一般人の手に届くものとなるだろうか。

た1958年には何ヵ月もかかって，ネックレスの材料にするピジョン・ブラッド色のミャンマー産ルビーを７個集めている。

宝石市場の将来

先進国の多くが経済危機に見舞われた時期でも，ダイヤモンド原石の売れゆきは一定の幅で増加している。中央販売機構（現DTC）の発表によると，宝石店の売り上げは1985年には220億ドルだったのが，1995年には480億ドルになった。

カット済みのダイヤモンドの販売についても，中国，ベトナム，カンボジア，マレーシア，インドネシア，フィリピンというように，アジアで新しい市場が広がるにつれてどんどん増えている。

ダイヤモンド以外の宝石（カラー・ストーン）については事情が異なる。市場や産出地がダイヤモンドほど組織化されていない上に，鉱床を探す方法も依然として手工業的だからである。また，とくに美しい石は政治的に不安定だったり採掘状況が危険な国で産出されるため，採掘量が一定ではなく，市場に出まわることもめったにない。

⇩戴冠式の日のイランのファラ王妃。

〔次頁〕インドの宝石カット職人。

資料篇

輝きをめぐる情熱

↑宝石を探す人びと（『驚異と忘れがたい事柄を含んだ博物誌』から抜粋された彩色挿絵　フランス国立図書館）

1 商人と旅行家たち

宝石はかなり古い時代から，アジアからヨーロッパへ運ばれていた。しかし，ダイヤモンドやルビー，それ以外の宝石が採掘される場所について，情報が得られるようになったのは，13世紀のマルコ・ポーロによる報告がはじめてである。そして17世紀になると，フランス人旅行家ジャン＝バティスト・タヴェルニエによって，インドの宝石に関する報告がもたらされた。その300年後，フランスの作家ジョゼフ・ケッセルも，宝石にまつわる魅惑的な小説を書いている。

⇧シグナン山でのルビーの採掘。

マルコ・ポーロの報告

なぜならこの島（セイロン）からは高価で質の良いルビーが産出するし，世界中のいかなる場所といえども，これほど良質なものは産出しないからである。そしてさらにこの島では，サファイア，トパーズ，アメジスト，ガーネット，そのほかたくさんの良質な石も産出する。

この地方の王は世界一美しく大きなルビーを持っているが，それはいまだかつて誰も見たことがなく，そして今後もそれに匹敵するものはないと思われるほどの石である。その石は手のひらくらいの大きさで，男の腕くらいの厚さがある。それは世界でもっともまばゆく，傷ひとつなく，火のように赤い。あまりにも価値があるため，金銭で買うことなど，とてもできない。

事実，このルビーの存在を知ったモンゴル皇帝フビライ・ハーンは，セイロン王のもとへ使者を送って，そのルビーを買いたいが，もし譲ってくれるなら都市ひとつぶんに相当する価格を支払うと申しいれた。しかし王は，これは父祖伝来の石であり，息子や子孫たちに受けつがせ，いつまでも伝えていかなければならない。なぜならこの石は，王であることの証明となるものだからといって，世界中のいかなるものとも引きかえにはできないと答えた。

そのような返事をたずさえ，ルビーを持たずに，使者たちはあるじのもとへ戻った。私マルコ・ポーロは，その使者のひとりであり，そのルビーをこの目で見た人間のひとりである。セイロン王がその石を握ったとき，石は上下ともこぶしから，はみでていた。(略)

もうひとつのことを，いっておこう。この王国からは誰ひとりとして，大きくて高価な宝石や，半サッジオ以上の真珠を持ちだすことはいっさいできない（ひそかに発見して，こっそり運び去る以外は)。それは王が，それらすべてを自分のものにしようとしているからである。事実，王は毎年数回，見事な真珠やすばらしい宝石を持っているものはみな，それらを宮廷へ持ってくること，そうすれば価格の2倍の金額をあたえることを国中に布告する。つまりすばらしい宝石には宮廷が2倍の支払いをするというのが，この国の慣習なのである。そのため商人も，そのほかのすべての人も，すばらしい宝石を持っているものは，大きな利益になるので喜んで宮廷に持って行く。王が莫大な財産と高価な宝石を持っているのは，このような理由による。

コロマンデル海岸に面したこの王国（テリンガナ）には，うわさの通り，ダイヤモンドが発見される大きな山が数多くある。雨が降ると，それらの山から水が滝のように流れおちて，巨大な水溜りをつくる。雨がやんで水が引くと，人びとは水が溜まっていた場所へ行って砂を探り，かなりの数のダイヤモンドを見つける。夏には雨が一滴も降らないので，人びとは山のなかでさらに多くのダイヤモンドを探すことができる。

ダイヤモンドの採掘者たちは，山のふもとの小屋に住んでいる。しかし暑さは厳しく，それを我慢するのは容易なことではない。その上，山のなかには大蛇が群れをなしているので，そこに行くには本当に恐ろしい思いをしなければならず，蛇に食われてしまうこともよくある。とはいえ，山に行くことさえできれば，必ず非常に良質で大粒のダイヤモンドを見つけることができる。もっとも大蛇たちはきわめて有毒でたちが悪いので，人びとはそれらの毒蛇がいる洞窟にわざわざ近づくことはしない。(略)

さらに別の方法でも，ダイヤモンドは採取される。深い渓谷の岩場があまりに険しく，谷底に降りることができないから，次のような方法をとるのである。できるだけ薄く切って血に浸した肉片をたくさん用意し，それらを深い谷底に投げる。谷底に落ちた肉には，大量のダイヤモンドが突きささる。この山には，蛇をえさとしている白鷲が数多く住んでいる。鷲は谷底の肉を見ると，それをとりに行って別の場所に持っていく。人びとは鷲のゆくえを注意深く見守り，鷲が止まって肉を食べはじめたらすぐに，できるだけ早くそこへ行く。人間が突然やってきたので驚いた鷲は，肉を置きざりにしたままどこかへ行ってしまう。人びとは肉のところまで行き，肉に突きささったたくさんのダイヤモンドを手に入れるのである。(略)

世界中で，この王国以外にダイヤモンドが産出する場所はない。しかしここには非常に良質で大きなダイヤモンドが大量に存在するので，それが国中にあふれている。だが，こうした良質なダイヤモンドが，われわれキリスト教徒の国にやってくるなどと思ってはならない。それらは，モンゴル皇帝とこの地方や王国の国王や諸侯たちのもとに行く。彼らが最高の財宝を持ち，高価な石を買い占めているからである。

マルコ・ポーロ

『世界の叙述（東方見聞録）』

ジャン＝バティスト・タヴェルニエの報告

モンゴル皇帝の盛大な祝宴が，毎年開かれる。そのとき玉座は豪華に飾られ，宮廷は壮麗さに満たされる。

第一宮廷の広間に置かれている大玉座は，簡易ベッドのような形と大きさで，長さは約6ピエ，幅は約4ピエある。非常に太く，高さが20から25プス（ピエの1/12）の4本の脚の上には，玉座の土台を支える4本の棒が置かれている。その棒の上には，宮廷に面した側をのぞく3面の天蓋を支える12本の円柱が立っている。幅18プス以上の脚と棒のすべてが，たくさんのダイヤモンド，ルビー，エメラルドがちりばめられた金で飾られている。それぞれの棒の中心にはカボション・カットの巨大なバラス・ルビーがついていて，そのまわりには正十字を形づくるように4つのエメラルドが置かれている。またたいていはそのわきに，棒に沿って別の同じような十字がある。中央にルビーならまわりの4つはエメラルド，中央にエメラルドならまわりの4つはバラス・ルビーが配置されている。エメラルドはテーブル・カットで，エメラルドとエメラルドのあいだは大きくても10から12カラットの平たくて人目を引くダイヤモンドでおおわれている。（略）

大玉座のまわりにある巨大なバラス・ルビーの重さをはかったら，カボション・カットのすべてが約180カラットで，一番小さなものが100カラットだった。しかし，おそらく200カラット以上のものもあった。エメラルドについては，かなり良い色だがクラックも多く，もっとも大きな石は約60カラット，もっとも小さな石は30カラット程度である。エメラルドが160個近くあることは確認できたが，これはルビーの数よりも多い。（略）

以上が，シャー・ジャハーンが完成させ

VOYAGES
DES INDES.
LIVRE SECOND.
DESCRIPTION HISTORIQUE
& politique de l'Empire du Grand Mogol.
CHAPITRE PREMIER.

⇧J.B.タヴェルニエ『インドへの旅』の表紙

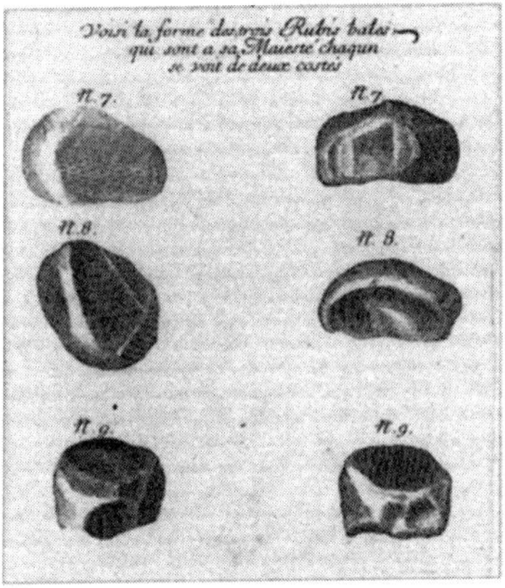

⇧さまざまな形のバラス・ルビー。

た玉座について指摘できることである。このすばらしい品は107億ルピー，われわれの通貨では1億6050万リーヴルに相当する。

『インドへの旅』
(第2巻，第8章)

モンゴル皇帝は，すべての宝石類をタヴェルニエに見せてくれた。

1665年11月1日，私は王に別れを告げるために宮殿を訪れた。しかし王は，自分の宝石類を見ないで出発してほしくないといった。私が王の祝宴の壮麗さを見ていたからである。翌日の朝早く，王のもとからは5～6人，そのほかはナバブ・ジャフェル＝ハーンのもとから廷臣がやってきて，王のもとへ行くようにいわれた。宮廷に着くとすぐに，別のところでのべたふたりの王室宝石管理官が陛下の前に私をともない，いつものあいさつをしたあと，玉座に座った王がわれわれを見ることのできる広間の一角にある小さな部屋に連れて行った。部屋のなかには宝石管理長のアケル・ハーンがいて，われわれの姿を見るとすぐに，王の4人の宦官に命じて宝石を持ってこさせた。宝石は，金箔がはられたふたつの大きな木のトレイに乗せられて運ばれた。その上は，特別につくられた小さなクロス，1枚は赤いビロード，もう1枚は刺繍がほどこされた緑色のビロードでおおわれていた。クロスがとりのぞかれると，すべての宝石が3回数えられ，その場にいた3人の書記が一覧をつくった。

インド人というのは，何事もきわめて慎重に忍耐強く行ない，急いだり腹を立てながらなにかをしている人がいると，黙ってその人を見ながら常識はずれの人間だと笑うのである。

アケルが私の手に置いた最初の宝石は，片側が非常にもりあがったローズ・カットの大きな丸いダイヤモンドだった。下の角はわずかに欠けていて，そこに小さな傷があった。すばらしく透明で，重さは319と1/2ラティ，1ラティは7/8カラットなので280カラットに相当する。あるじのゴルコンダ王を裏切ったミール・ジュムラが隠居にあたってこの石をシャー・ジャハーンに贈ったとき，原石の状態で900ラティ，つまり787と1/2カラットで，いくつかの傷があった。この石がヨーロッパにあったら，もっと別なふうに加工されていただろう。質の良いダイヤモンドがいくつかとりだされていた

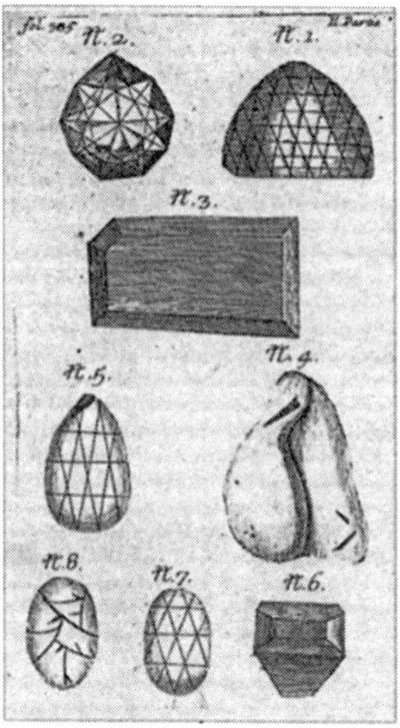

⇧タヴェルニエがアジア旅行のあいだに見た宝石。

だろうし，これほど削られずにもっと重さが保たれていたはずである。この石をカットしたヴェネツィアのオルテンシオ・ボルジス氏は，この仕事からひどい報いを受けた。カットが終わったとき，もっと重さを保つことができたはずなのに削りすぎたと非難され，仕事の報酬が支払われるかわりに王から１万ルピーを請求されたのである。彼にもっとお金があれば，それ以上の金額を請求されただろう。ボルジス氏がもっと熟練した職人だったら，この大きな石からいくつかの見事なダイヤモンドがとりだされていただろうし，王に損害をあたえることもなく，苦労して石を削ることもなかっただろう。しかし彼は，あまり器用なダイヤモンド・カット職人ではなかった。(略)

以上が，モンゴル皇帝がほかのヨーロッパ人には一度も許していない特別な厚意によって，私に見せてくれた宝石類である。玉座の描写をするためにも十分時間をかけたように，読者に対してきわめて正確に，忠実に描写できるよう，私はそれらをすべて手にとり，注意深くゆっくりと眺めた。

『インドへの旅』

(第２巻，第10章)

ダイヤモンドとダイヤモンドが存在する鉱山や川，第一に著者が訪れたラオルコンダの鉱山についての記述。

ダイヤモンドはもっとも貴重な石で，私はダイヤモンドの取引にこだわっている。ダイヤモンドの完璧な知識を得るため，私はすべての鉱山とダイヤモンドが見つかるふたつの川のうちの，ひとつに行きたかった。不安と恐れを前にしても私は旅をやめようなどとは思わなかったし，それらの鉱山は野蛮な国にあり，きわめて危険な道を通らなければ到達できないという恐ろしい話を聞いても，私はたじろいだり計画を変えることはなかった。私はこれからのべる４つの鉱山と，ダイヤモンドがとれるふたつの川のひとつに行ったが，これらの国の事情に通じていない人びとが私を怖がらせたような困難や野蛮さなど，ひとつもなかった。私はほかの人たちをじっとやり過ごし，世界で唯一ダイヤモンドが発見されるこれらの鉱山への道を切りひらいた最初のヨーロッパ人なのである。

⇧ゴルコンダ地方の王の墓（19世紀の版画）

私が行った最初の鉱山はカルナティック地方のヴィザプア王の領地，ゴルコンダから5日，ヴィザプアから8ないし9日の旅で到着するラオルコンダと呼ばれる場所にある。(略)

ダイヤモンドがある周囲の土地は砂が多く，岩や雑木林ばかりで，フォンテンブロー（フランス北部）近郊のようである。これらの岩のなかには，指半分の幅や指1本分の幅のいくつもの鉱脈があり，採掘者たちは小さな鉄の鉤を持ち，それを鉱脈に突っこんでは砂や土をとりだし，それらを容器に入れてそのなかからダイヤモンドを見つけるのである。(略)

この鉱山には大勢のダイヤモンド細工師がいるが，彼らが持っているのは普通の皿と同じくらいの大きさの鉄でできた研磨盤だけである。彼らはそれぞれの研磨盤に石をひとつだけ置いて，石の方向がわかるまで研磨盤にたえず水をかける。石の方向がわかると油を注ぎ，ダイヤモンド粉末を惜しみなく使ってできるだけすばやく石を回転させる。(略)

鉱山の規律に関する話題に戻る。取引は，自由かつ誠実に行なわれる。商人たちは購入した金額の2パーセントを国王に支払い，採掘権を得る。彼らは採掘者たちと共にダイヤモンドが発見される場所を探し，その周囲約200歩を確保し，そこで50人，作業を早く進めたいときには100人の採掘者を働かせる。採掘を開始してから終了するまで，商人たちは毎日国王に，採掘者が50人の場合は2パゴダを，100人の場合は4パゴダを支払う。

採掘者たちは気の毒にも，毎年3パゴダしか稼げない。それでも彼らは自分たちの仕事に精通していなければならないのである。給料があまりにも少ないので，彼らは平然と砂のなかに石を隠し，陰部をおおう小さな下着以外にはなにも身につけていないため，その石を巧みに飲みこんで自分のものにしようとしている。

『インドへの旅』
(第2巻，第15章)

タヴェルニエが旅したほかの鉱山と，そこでのダイヤモンドの採掘方法について。

この鉱山（コラール）へ最初に行ったとき，6万人もの人が働いていた。男だけでなく，女と子どももそれぞれの役目を持っていた。男たちは土を掘り，女と子どもたちは土を運ぶのである。この鉱山では，ラオルコンダとはまったく異なる方法でダイヤモンドが採掘されている。

掘る場所を決めると，採掘者たちはそのすぐ近くの同じ広さの別の場所と，それより少し広い範囲を平らにして，そのまわりを高さ約2ピエの壁でかこむ。その壁の下には2ピエごとに水を流すための穴をつくるが，それらの穴は水が流れるときまでふさいでおく。こうして準備が整い，男と女と子どもたちがみな集まり，彼らを働かせるために一族や友人たちを従えてきた主人が見守るなかで仕事をする。(略)

各人が仕事をはじめる。男たちは土を掘り，女と子どもたちが先ほどのべたとおり決められた場所にそれを運ぶ。彼らは10あるいは12から14ピエの深さまで掘るが，水が出ればそこまでで良い。その場所の土はすべて運びだされ，できた穴から男も女も子どもも水差しで水を汲み，とりのぞいた土の上にかけてやわらかくする。かゆのようになるまで，土の硬さによって1～2日，そのままにしておく。そのあと彼らは壁につくった穴を開いて水が流れるようにし，土の上にさらに水をかけ，どろどろになって砂だけが残るまでくりかえす。それから2～3回，さらに洗う。そして日光で乾かすが，激しい暑さのため，この作業はすぐに終わる。その土をふるいのようなかごに入れて，小麦をふるうように揺り動かす。こまかいくずがとりのぞかれ，最後に大きな粒が残る。

こうして選りわけられた土は熊手のようなものでかき集められ，できるだけ平らにならされる。下の部分が幅半ピエの太いすりこぎ状の木の棒を持って，みながいっせいに隅から隅まで2～3回行き来しながらその土をたたく。それから土をふたたびかごのなかに戻し，最初と同じように選りわけ，もう一度広げ，全員がその前に並び，ラオルコンダの鉱山と同じ方法でダイヤモンドを探す。

『インドへの旅』
(第2巻，第16章)

3カラットから100カラットまでのダイヤモンドの価格を，正確に知るための計算方法があった。

3カラット以下の価格については良く知られているので，それらのダイヤモンドについては触れない。

まず最初にダイヤモンドの重さを見て，それから完璧な石か，厚みのある石か，角が全部ある四角い石か，すばらしい品質で透明度が高いか，斑点や傷がないか，などを確かめる必要がある。カットされた石の場合，一般的にはローズ・カットと呼ばれるが，形がきれいな円形あるいは楕円形か，石のサイズは大きいか，石を寄せ集めたものではないか，原石と同じように透明度は高いか，斑点や傷がないか，などに気をつけなければならない。このような石は1カラット当り150リーヴルかそれ以上で，たとえば同じ品質の12カラットの石の価格は，次のようにして求められる。12に12をかけると144になる。この144に150をかけ，さらに144をかけると２万1600リーヴルという数字が出る。

『インドへの旅』
（第２巻，第17章）

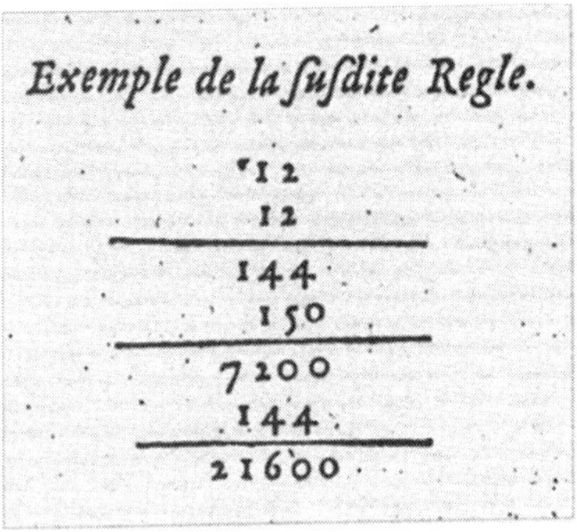
Exemple de la susdite Regle.

12
12
144
150
7200
144
21600

⇧ダイヤモンドの価格の計算例。

色のついた宝石と，それらが採掘される場所について。

色のついた宝石が採掘される場所は，東洋に２箇所しかない。ペグー王国とセイロン島である。ペグー王国の鉱山はシレンから北東へ約12日で到着する山で，カプランと呼ばれている。その鉱山からは，ルビーとスピネルが大量に産出する。（略）この国は世界でもっとも貧しい国のひとつに数えられ，産出されるのはルビーだけで，しかもわれわれが考えるほどの量ではなく，毎年10万エキュにもならない。それらのなかで３～４カラットの美しい石はかろうじてひとつ見つかるくらいだが，国王はそれが流出することを厳しく禁じており，すべてのすばらしい石は国王のものとなる。そのため，私は旅を通じてヨーロッパとアジアのルビーについて語るというすばらしい経験をすることができた。（略）

この国では色のついた宝石をすべてルビーとよび，色によって区別する。そのためペグーの言葉では，サファイアは「青いルビー」，アメシストは「紫色のルビー」，トパーズは「黄色いルビー」となる。（略）

東洋でルビーやほかの色のついた宝石が採掘されるもうひとつの場所は，セイロン島の川である。その川は島の中央部にある高い山岳地帯から流れていて雨季には水かさが増し，その３～４ヵ月後に水位が低くなると，貧しい人びとが砂のなかにルビーやサファイアやトパーズを探しに行く。この川からとれる石はみな，一般的にペグーのものより美しくて澄んでいる。

『インドへの旅』
（第２巻，第19章）

著者がヨーロッパとアジアで見た，非常に大きく美しいルビーの注記とその図。およびインドへの旅行から戻った際に，国王に売却した大きな宝石の注記。

順番に従って並べられた図の順に，私が見たなかでもっとも重いダイヤモンドのことからのべるとする。

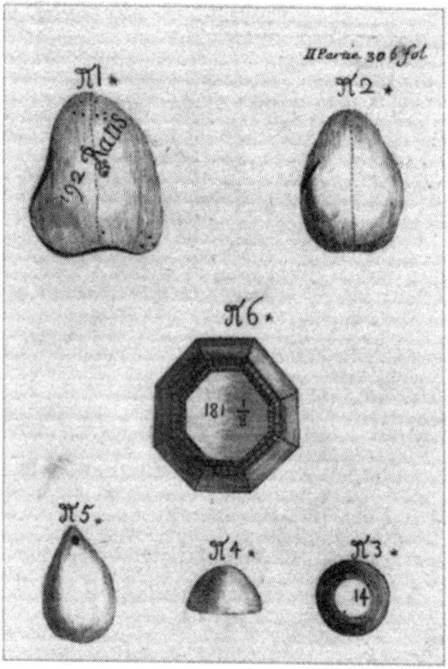

⇧ムガル皇帝が所有していたダイヤモンド

No.1

このダイヤモンドはムガル皇帝のもので，皇帝はほかのすべての宝石類と共にこのダイヤモンドを見る栄誉を私にあたえてくれた。カットをほどこしたものを見せられたが，許されてはかってみると319ラティ，われわれの単位では279と9/16カラットあった。別のところでのべたように，原石の状態では907ラティ，つまり793と8/15カラットあった。この石は，ちょうど卵を半分にしたような形をしている。

No.2

これはトスカナ大公のダイヤモンドの図で，大公が何度も私に見せたがったもの。139カラットだが，残念なことにほんの少しレモン色がかっている。

No.3

これは176と1/8マンジェリン，つまり142と5/16カラットの石である。(略) 1642年にゴルコンダにあったその石を見せてもらったが，それは私がインドの市場で見たもっとも大きなダイヤモンドだった。この石の所有者は，私が模型をつくることを許してくれた。私はその模型をスラト（インド西部）にいるふたりの友人に送り，石の美しさと，500万ルピー，われわれの通貨で75万リーヴルという価格を教えた。彼らから，澄んでいて透明度が高ければその石を40万リーヴルで買うよう命じられた。しかしその値段では，取引できなかった。とはいえ，45万リーヴル出せば手に入れることができたのではないかと思う。

No.4

これはとある友人のためにアマダバートで買った前述のダイヤモンドの図で，178ラティ，つまり157と1/4カラットある。

No.5

これは2面をカットしたあとの，前述のダイヤモンド。94カラットの重さが残っていて，透明度は申し分ない。下部に傷がふたつある平面は，厚紙のように薄い。石をカットしてもらったあと，すべての薄い破片と小さな傷が残っている上の先端部も持ってきてもらったのである。

No.6

これは，コラール鉱山で1653年に買った別のダイヤモンド。美しく澄んでいて，鉱山でカットされ，厚みのある石で，36マンジェリン，つまり63と3/8カラットある。以下は，世界でもっとも美しいルビーの図。

『インドへの旅』
（第2巻，第22章）

インドでの取引方法

最近出版された文章のなかで（写本は国立図書館にある），18世紀におもに繊維の仲買人をしていたジョルジュ・ロックが，当時の実業界について語っている。それによると，彼は進んでほかの分野の商人たちの案内役を引きうけており，ムガル皇帝がフランス人を高く評価していたことに誇りを持っていたようである。

ダイヤモンドについて

真珠はあきらかに傷がわかるが，ダイヤモンドは原石で買う場合傷が隠れている。しかし両方とも，それほどたくさんのこつが必要とはされない。いまはダイヤモンドの知識が乏しくても，すぐに名人になれる。ダイヤモンドを買う人間は，カットと劈開《へきかい》について知らなければならない。

カットは，ダイヤモンドの汚れや斑点や傷をとりのぞき，もとの重さをあまり減らさないように細心の注意を払いながら，花形，テーブル形，ハート形，ペンダント形というような快い形を石にあたえるためのものである。石の形は，その石の表情をわれわれに見せてくれる。しかしそれは重要な点ではなく，もっとも大切なことは石の面積を大きく見せ，重さをできるだけ保つことで，これは職人の器用さにかかわってくる。

一方，劈開とは，ダイヤモンドを大きくふたつに割ることだが，これは少しも難しくない。先端部分をつないだところが，ダイヤモンドの割れ目だからである。一般的に，小さなのみでその部分を割る。金づちで割ったあと，宝石細工師が仕上げをする。透明度や輝きに関する知識は，豊かなダイヤモンド細工師の経験からもたらされる。

（略）

ほかのものとくらべて，宝石の取引はもともと複雑なものだが，ムガル帝国がゴルコンダ王国を征服して以来，それが一変した。ムガル皇帝はダイヤモンド鉱山を10年間閉鎖し，大量のダイヤモンドを自分のものにして財宝に加えたからである。彼はゴルコンダ王が所有していたダイヤモンドも奪ったが，カットされた石しか好まなかったので，原石はわざと捨ててしまった。誰もがダイヤモンドを買わなくなり，にせものをつかまされる危険を承知で高い金額を支払わなければならないヨーロッパ人やユダヤ人よりもはるかに悪賢い皇帝のおかかえ商人だけが幅を利かせている。そういうわけで，ユダヤ人はインド商人が持っているわずかなダイヤモンドしか買うことができない。インド商人は法外な値段をふっかけるが支払いに都合が良いポンドを使うことができないので，ユダヤ人は手持ちのヨーロッパやアジアの商品とダイヤモンドを交換することになる。

私はダイヤモンド商人ではないが，このように話を少し脱線させる必要があると考えた。なぜなら商人というものは，利益を生むと思われるすべてのものについて商売をするべきだが，一定の知識がなければそれは不可能だからである。

フランスの東インド会社について

広大な帝国の支配者であるムガル皇帝は，その偉大さと豊かさをまったく心に留めず，フランス人のすぐれた行ないにただただ感嘆している。それはムガル皇帝がヴィザプア王国とゴルコンダ王国を征服したとき，わずかばかりのフランス人が皇帝に手助けをしたという理由からで，そのためにわれわれフランス人はほかの国の人間よりはるかに高い地位に置かれ，通りがかりのものでも宮廷では高官のようにあつかわれ，皇帝の特別な好意によって，誰もが満足する商取引を約束される。ごく最近，それを証明する良い例がふたつあった。ふたりのフランス人宝石商が，価値の高いダイヤモンドとエメラルドをいくつか買ったが，スラト（インド西部）の税関で拘束された。フランスの14カラットに相当する15～16ラティ以上の重さの宝石は，ムガル皇帝の目に入れることになっていたからである。

ふたりのフランス人は王宮へ行き，宝石を王にさしださざるをえなくなった。しかし王は，彼らが持っていた宝石を手に入れるかわりに，その2倍の価値があるダイヤモンド原石をあたえた。面会と贈り物に満足した王は，持ち物すべてに関税を免除するという命令書と共に彼らを送りだした。

フランス人がインドでどう遇されているかという話をしているのに，私はまったく自分の国からほめたたえられていないようである。真実を書く歴史家の自由を妨げているように思う。(略)

少なくとも，フランス人というだけで，あるいはフランス人だと思われるだけで，この君主の寵愛を受けることができる。事実，フランス語を話しフランス人の名前を名乗っていたひとりのユダヤ人は王宮で見事な取引に成功し，1690年にイギリスとオランダへ行ったとき，フランス人の名前を名乗っていなければ王の財宝になっていたはずの非常に見事なダイヤモンドの一部を持っていた。

ジョルジュ・ロック

『東インド会社と貿易術』

ヴァレリー・ベランスタン編（1996年）

ピジョン・ブラッド色のルビー

ジョゼフ・ケッセルの小説『ルビーの谷』のなかで，宝石商人ジャンと共同経営者のジュリウスは，すばらしいルビーを見せるために語り手のもとを訪れる。

アストラカン毛皮のような灰色の巻き毛の男が，ぶ厚いべっ甲のフレームの眼鏡のレンズを機械的に拭いたあと，チョッキのポケットから薄葉紙でくるまれた非常に小さな包みをとりだした。ジャンはその紙をいとおしげに，器用に開いた。彼の手のひらで，赤い石がきらめいた。

「良く見ろよ」と，ジャンがいった。彼の声は熱っぽく，うっとりしていた。

「良く見ろよ」。彼はくりかえした。「これは，本当にめずらしい石なんだ。完璧にカットされた，20カラットのルビーさ」。

ジュリウスが近づいてきた。悟りきったような冷静な顔が，わずかにほころんでいる。

「ピジョン・ブラッドだ」と，彼はいった。「最高の」。

私は彼らがなにをいっているのか，まったくわからなかった。しかし雨の日のもやがかかったような薄暗がりのなかで，私が目にしているものは半透明の消し炭の輝き，赤い光を放つ不思議な火のようだった。

「いくら出すというのを断ったんだっけ」。ジャンがジュリウスにたずねた。

「4500万フランだよ」と，ジュリウスが眼鏡を拭きながら答えた。

ジャンは熱っぽいまなざしで，その石を見つづけていた。

「持ってみろよ」，と彼は私にいった。「顔につけてみれば，石のいのちや熱が感じられるから」。

しかし私が石を手にするとすぐに，彼は叫んだ。

「気をつけろ。落とすんじゃないぞ……。こわれやすい石なんだ。割れてしまう」。

「4500万フラン以上もする石が割れたら！」。私は身震いした。「頼むよ。早くこの石をどけてくれ」。

石はふたたび，ジャンの手のひらに置かれた。私は，ほとんど場所をとらないこの驚くべき財産を眺めていた。

ジュリウスとジャンがモゴクの有名な伝説を語る。

彼らがいうには，ビルマ北部のマンダレーの先に位置するジャングルにおおわれた高い丘にかこまれたところに，モゴクという名前の谷がある。そこでははるか以前から，小川沿いに，岩の奥に，谷の斜面に，鉱石につつまれた貴重なルビーが眠っている。

そこ，まさにその場所だけで。

なぜなら実際に，この地上に広がる広大な世界のどこにも，人類の記憶のかぎり，別の場所で，純粋な炎と血の色を持つ石が埋まっているのを発見した人は誰もいないからだ。

コーランや旧約聖書の雅歌や中国の年代記やインドの物語など，非常に古い文書で語られているすべてのルビー，太古の昔から君主や国王や皇帝の身を飾ってきたすべてのルビー，王冠型髪飾りや教皇の冠や国王の冠を高めてきたすべてのルビー，ラージャの財宝にいまなお隠されているすべてのルビー，最近のものまで，もっとも古いものまで，すべてのルビーは，いずれもモゴクからやってきた。

この失われた時期に，この失われた人跡未踏の国を訪れた探索者，隊商，商人たちは，どのような人びとだったのか。いまでは謎につつまれている。足跡も，ほのかな光もない。ただ，壮大な伝説があるだけだ。4世紀のときをへても，われわれはモゴクのことをなにも知らない。しかし人間の知識に限界はあっても，伝説のルビーの起源を地質学的に別の場所に求めることは不可能である。それは上ビルマの谷モゴク以外ではなく，その谷の起伏で伝説のルビーがつくられた。そしてこの同じ谷から世界中に血と火の色をした選りぬきの石がもたらされ，大都市の有名な宝石商できらめくカットがほどこされたルビーを見ることができるのだ。

以上が，私の友人ジャンと共同経営者のジュリウスが語ってくれたことである。話が続いているあいだずっと，20カラットのルビーは雨の日のパリのよどんだ空気のなかで，赤い星のような輝きを放っていた。ジュリウスがそのルビーを手にとり，一瞬見つめたあと，ため息まじりにいった。

「これほどの石は，もうたくさんは見つからない。……あそこでもね」。

モゴクに到着したジャンとジュリウスと語り手は，宝石収集家ドウ・ラのところへ行った。

マウン・キン・マウン（ドウ・ラの息子）は，マントのポケットから小さな白い紙袋をとりだした。そしてそれをテーブルの上に置くと，信じられないほど華奢で繊細な指で，その袋をほとんど触れずに開けた。突然，まるで手品のように，白い紙の上に私がモゴクで見た最初のルビーがあらわれた。

ジャンははじめ，黙っていた。きらきらした目は見開かれ，この小さな赤い石をひとめぐりし，面の数を数え，輝きを吸いこんでいるかのようだった。しばらくすると，彼は視線を動かさずに，かすかな声でいった。

「ジュリウス，……ピンセットを」。

「そこだよ」。

ジュリウスはいった。

「手もとにある」。

ジャンの指はマウン・キン・マウンの繊細な指からは程遠かったが，軽いピンセットでルビーをつまむとき，マウン・キン・マウンと同じくらいの速さとなめらかさと優雅さを見せた。彼は石を持ちあげて日の光と目のあいだに置き，長いあいだ眺めた。ときにはピンセットを固定して，ときにはいろいろな向きに動かしていた。ようやく彼はルビーを置き，ジュリウスにいった。

「なるほど……」。

と，ふたたび彼は石をピンセットではさみ，もういちど見はじめた。

「こっちへ来て，見てみろよ」，と彼は私にいった。「説明してやるから」。しかしむしろ，自分自身に話しかけているかのようだった。

「いいかい」。

ジャンは熱っぽく続けた……。

「いいかい，これはとても厄介だ。このルビーは，極言すれば大きな石。本当に大きな石だ。ここのところは全部，この重要な部分は，完璧といえる……。でもこの底の部分は，にごっている…，曇っている。このカット方法では，ここの傷を隠すことができなかったんだ」。

彼は指のあいだで石をゆっくりと回転させた。太陽の光がルビーの輝きとまざっている。

「でも，残りの部分は」

と，ジャンが続けた。

「すばらしい……。本当に，完璧なサン・ド・ピジョン（ピジョン・ブラッド）だ」。

「サン・ド・ピジョン」

と，ジュリウスがフランス語でくりかえした。

マウン・キン・マウンはフランス語がわからなかった。しかし最後の言葉を聞いたとき，微笑みを浮かべていった。

「ピジョンズ・ブラッド」。

中国人の老いた仲買人も大声をあげた。

「ピジョンズ・ブラッド」。

外国語をまったく知らないビルマ女性であるドウ・ラ自身も，英語でつぶやいた。

「ピジョンズ・ブラッド」。

誰もが神秘的なこの名前，最高の単語，切り札となる言葉を口にしたのである。

ジョゼフ・ケッセル

『ルビーの谷』（1955年）

2 昔と現代のカット

宝石のカットには，非常にさまざまなものがある。ブリリアント・カットはダイヤモンドの自然な輝きを引きだせるため，もっとも一般的だが，ボート形のマーキーズ・カット，菱形のダイヤ・カット，長方形のエメラルド・カット，しずく形のドロップ・カットなど，独創的なカットも人気がある。

⇧ダイヤモンドの研磨所（1694年）

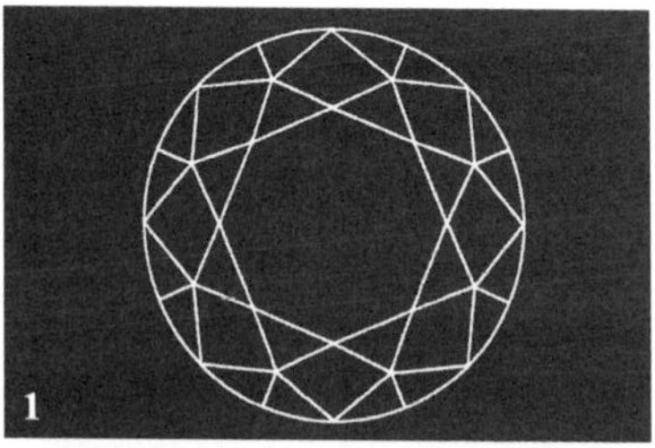

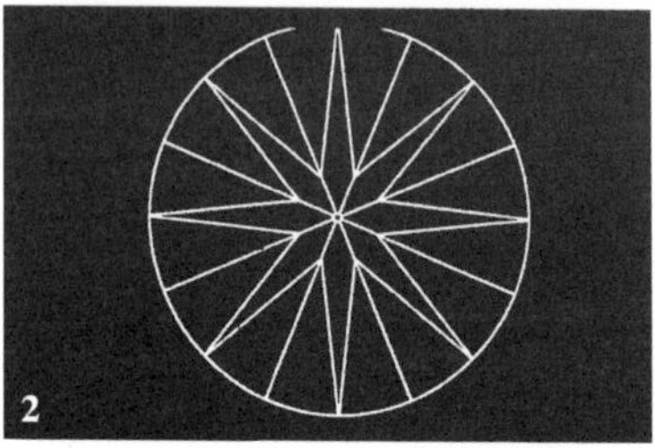

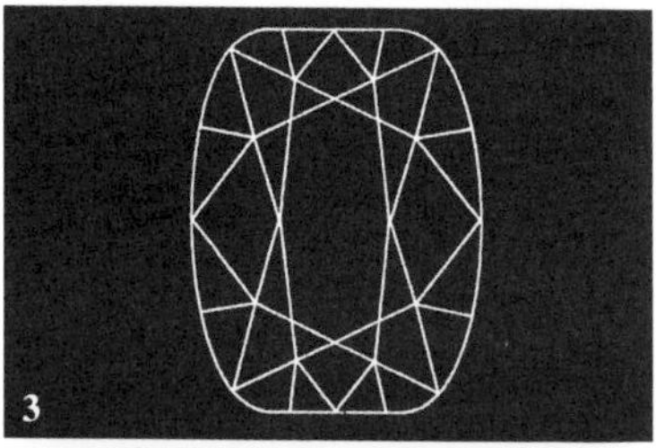

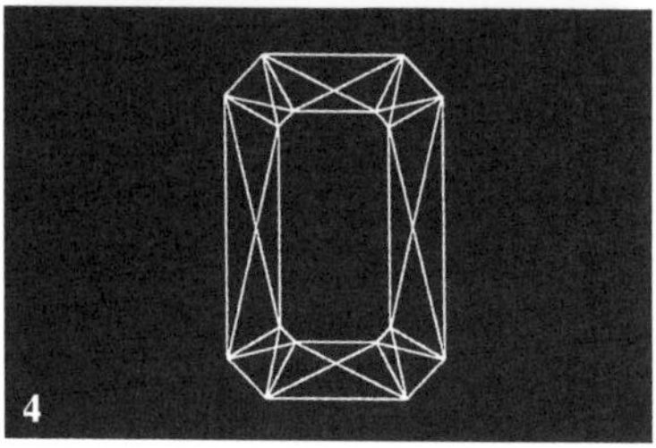

1．ラウンド・ブリリアンカットを上面から。
2．ラウンド・ブリリアンカットを底辺から。
3．インド式カットとも呼ばれるクッション・カット。
4．シザーズ・カット。研磨された面が開いたはさみのように見える。

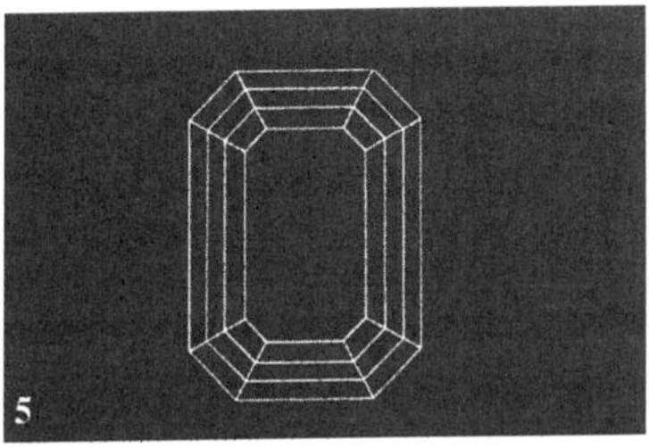

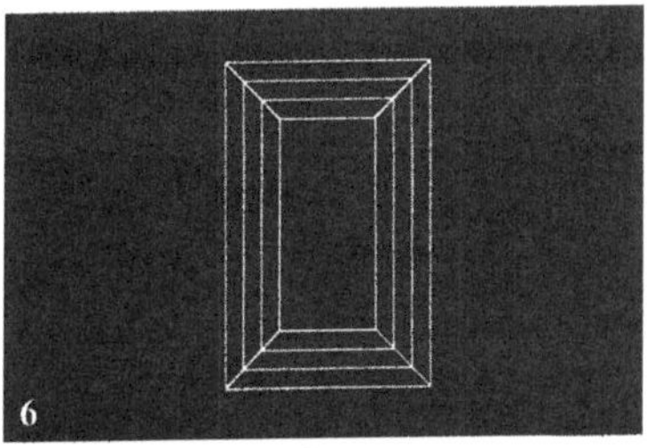

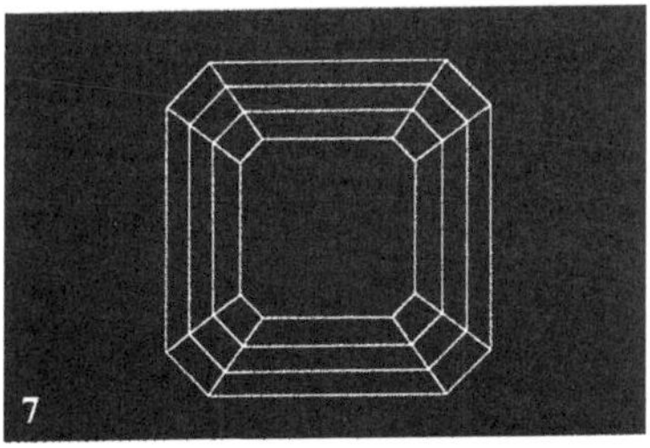

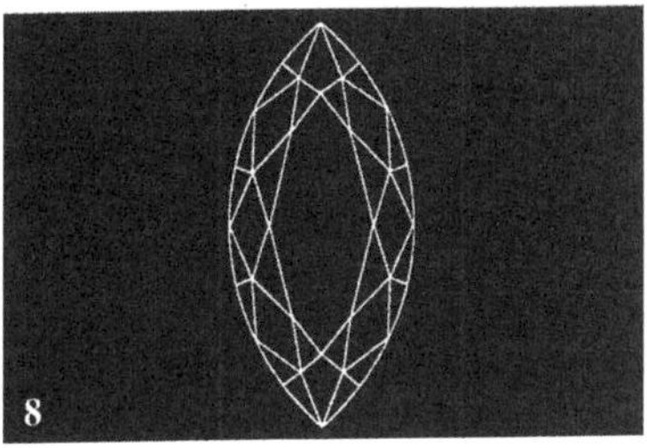

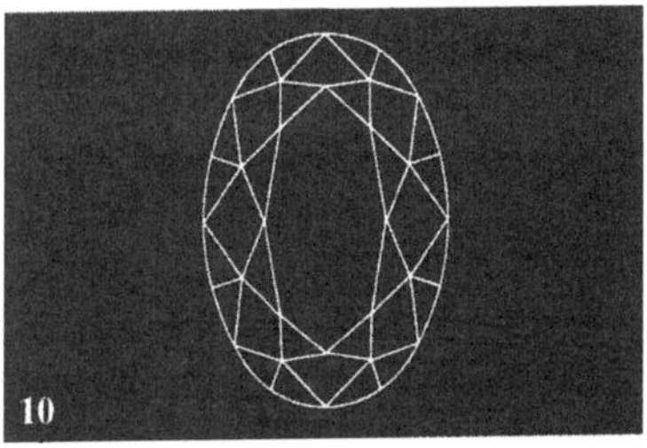

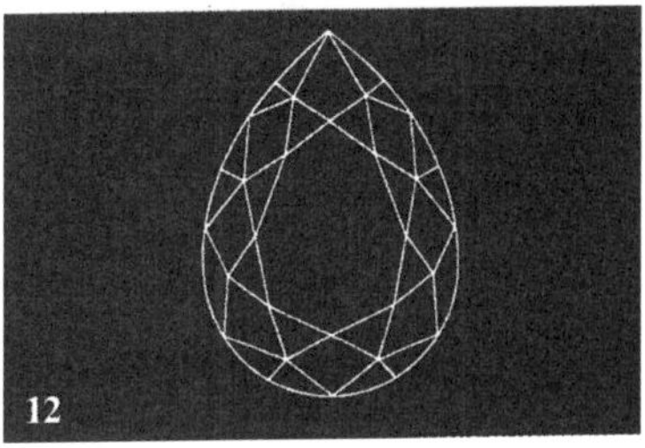

5．エメラルド・カット。四角形の角を削ったカット。

6．バゲット・カット。

7．スクエア・エメラルド・カット。

8．ボート形のマーキーズ・カット。

9．ロゼンジ・カット，あるいはダイヤ・カット。

10．オーバル・カット。

11．ハート・シェイプ・カット。

12．ペア・シェイプ・カット，あるいはドロップ・カット。

3 歴史をいろどった宝石たち

「コーイヌール」「ホープ」「大ブルー・サファイア」「カリナン」「ユーレカ」「ティファニー」「コンデ」など，有名な宝石のいくつかについてはこの本の前半部で触れた。しかし偉大な宝石は，数にかぎりがない。以下に，そのなかのいくつかについてのべてみよう。

⇧78.8カラットのダイヤモンド（クリスティーズ　1997年11月）。

「ヌル・ウル・アイン」ティアラ

1642年，腕利きの旅行家で宝石の大収集家として知られるジャン＝バティスト・タヴェルニエが，インド南西部でゴルコンダ産と思われる約300カラットの巨大なピンクのダイヤモンドを見た。

「光の海」という意味の「ダリヤ・イ・ヌル」と呼ばれるこのダイヤモンド（タヴェルニエはもっと簡単に「グレート・テーブル」といっている）は，1739年までムガル皇帝のものだったが，この年ペルシア王ナーディル・シャーがインドのデリーを占領し，58日間略奪を行なった。その結果，ペルシアへ渡った「ダリヤ・イ・ヌル」は，176カラットのテーブル・カットの「ダリヤ・イ・ヌル」と，60カラットのオーヴァル・カットの「ヌル・ウル・アイン」のふたつに分割された。アメリカの宝石商ハリー・ウィンストンが，ありとあらゆる色のダイヤモンドがちりばめられたプラチナのティアラ中央に「ヌル・ウル・アイン」をセットした。このティアラは1958年にイランのファラ王妃の結婚式で使われた。

「ブラック・オルロフ」

このダイヤモンドの銃身のような色も起源も，依然として謎につつまれている。ひとつには，「ブラフマーの目」という名前で知られていた195カラットの石で，インド南東部ポンディシェリー近郊の彫像にはめこまれていたものという説がある。また，ナディア・ヴェギン＝オルロフという名前のロシア皇女が所有していたという説もある。しかし，そのような名前の皇女は存在しない。その上，黒いダイヤモンドがインドから産出されたという記録もない。そもそもインドでは，黒は縁起の良い色ではない。そしてこのダイヤモンドはクッション・カットだが，このカットは１世紀以上前のものではないのである！　いずれにせよ，現在67.5カラットの「ブラック・オルロフ」は世界中の人の好奇心を刺激した。ニューヨークのダイヤモンド商ウィンストンはダイヤモンドとプラチナのネックレスにこの石をセットし，何度も売りに出している。一番最近は，サザビーズによるニューヨークでの競売である。

「ヴァルガス」

原石は726.6カラットで，世界で６番目に大きなダイヤモンドである。1938年にブラジル南東部のミナス・ジェライス州のサン・アントニオ川の底でふたりのガリンペイロ（宝石掘り）が発見したこのダイヤモンドには，当時のブラジル大統領ゲツリオ・ヴァルガスの名前がつけられた。この話を聞いたハリー・ウィンストンは，すぐにブラジルへ飛んだ。しかし石はロイズを通して75万ポンドの保険がかけられ，普通書留小包でベルギーのアントワープへ送られていた。それでもどうにか彼は石を購入し，1941年にカットが行なわれた。「ヴァルガス」は，合計411.06カラットの29個の石に分割された。48.26カラットの最大の石はテキサス州で売却されたがのちにハリー・ウィンストンに買いもどされ，44.17カラットに再カットされたあと，もう一度売りに出された。1950年代には，18から31カラットのほかの７つの石が，宝石好きのマハーラージャのために揃いのブレスレットとネックレスと指輪にセットされた。

「ドレスデン・グリーン」

青リンゴのような，苔のような，春のような緑色をした，58の輝く面を持つ40.7カラットの，しずく状のカットがほどこされた完全な緑色のこのダイヤモンドは，自然の「事件」でありつづけている。いまだにその起源はわからず，インド，あるいは1720年代に新しくダイヤモンドが産出する夢のような土地となったブラジルだろうか。

1742年，ライプチヒ（ドイツ東部）の見本市で，ザクセン選帝侯でポーランド王のフリードリヒ・アウグスト自身が，オランダの商人からこのダイヤモンドを購入した。フリードリヒ・アウグストの父は，ドレスデン（ドイツ東部）をバロック美術の精神と作品が出会う都市に変えた人物である。この石には，「緑のダイヤモンド」と「ドレスデン・グリーン」のふたつの名前がある。このダイヤモンドは，広大なドレスデン宮殿内の「緑の部屋」（緑はザクセン選帝侯がとくに好んだ色だった）をぜいたくに飾るために集められた，金，銀，宝石などの宝物類のなかで，一二を争う品になった。肩飾りにちりばめられた数百個の無色のダイヤモンドの中央にセットされた「緑のダイヤモンド」は，ザクセン王国の宝飾品のトップに君臨し，これに肩を並べるものはなかった。1945年２月のすさまじい爆撃を逃れたこの石は強制的にモスクワへ移されたあと，再建された都市ドレスデンのもとの部屋へ1958年に戻った。

「グレート・ブリオレット」

伝説によると，90.38カラットのこのダイヤモンドを最初に手にしたのはイギリス王ヘンリー２世の妃アリエノール・ダキテーヌだという。彼女はこの石を1145年ころ，第２回十字軍のときに小アジアで手に入れ，息子のリチャード１世（獅子心王）にあたえたらしい。神聖ローマ皇帝ハインリヒ６世に捕らわれたとき，リチャード１世は身代金代わりにこの石を渡したという。

この美しく輝くダイヤモンドが次に姿をあらわしたのは16世紀のことで，フランス国王アンリ２世が愛妾ディアーヌ・ド・ポワティエにあたえたものだといわれている。その後ふたたび姿を消したが，４世紀後に「グレート・ブリオレット」は宝石商カルティエのもとにあらわれ，それからハリー・ウィンストンの手に渡り，とあるマハーラージャに売却された。10年後，そのマハーラージャが亡くなると，ハリー・ウィンストンは「グレート・ブリオレット」を買いもどし，157個のマーキーズ・カットのダイヤモンドでできたネックレスにセットして，カナダの富裕な財界人の妻ドロシー・キラムに売りわたした。キラム夫人はすでに，フランク王シャルルマーニュ（カール大帝）の王冠にセットされていたという39カラットの理想的な青いダイヤモンドを所有していた。夫人が亡くなると，1971年にハリー・ウィンストンは彼女の装身具を買いとり，「グレート・ブリオレット」はあらたにヨーロッパ人だということしかあきらかにされていないとある個人へ売却された。

「ウィッテルスバハ」

35.32カラットのブリリアント・カットのこのダイヤモンドは，濃い青をしている。この石の起源は，インド産だということしかわかっていない。

このダイヤモンドはスペイン王フェリペ４世が，1667年に娘のマルガレータ＝テレサが神聖ローマ皇帝レオポルド１世と結婚した際の持参金の一部としてあたえたものである。マルガレータ＝テレサが1673年に亡くなると，レオポルド１世はクラウディア・フェリシタスと再婚したが，彼女も1696年にこの世を去った。レオポルド１世は３番目の妻エレオノーレ＝マグダレーナに，マルガレータ＝テレサから相続した宝石のすべてを贈ったが，そのなかには例の大きな青いダイヤモンドも含まれていた。1720年にエレオノーレ＝マグダレーナが亡くなると，そのダイヤモンドは遺言によって，一番下の皇女マリア＝アメリアの手に渡った。1722年にマリア＝アメリアがバイエルン（ドイツ南部）を支配するウィッテルスバハ家のカール・アルベルトと婚約したとき，この石はウィッテルスバハ家のものとなった。1931年までこのダイヤモンドはほかの宝石と共にウィッテルスバハ家にあったが，この年に忽然と消えうせてしまった。しかし幸いなことに，話はここで終わりにはならない。

「ウィッテルスバハ」は1961年に，偶然姿をあらわした。アントワープの宝石商J.コムコマーが別のダイヤモンド商人から，最近購入した大きなダイヤモンドの再カットについて相談を受けたときのことである。35.5カラットの青いダイヤモンドを調べながら，コムコマーはこれが歴史的に重要な意味を持つ石だと直感した。彼はこのダイヤモンドの購入契約を結び，鑑定のために大急ぎで自分の店に戻った。ダイヤモンド辞典を調べること数分で，この石に関する記述が見つかった。彼は「ウィッテルスバハ」をふたたび発見したのである。1964年に，このダイヤモンドは個人の収集家に売却された。

「スプーンメーカー」

85.8カラットのペア・シェープト・カットのこのダイヤモンドは，イスタンブールのトプカプ博物館に展示されている。伝説によると，トルコの漁師がごみの山からこの石を見つけ，真鍮鋳物商のところへ持って行き，3本のスプーンと引きかえたという。このダイヤモンドは，1882年に最後の記述が見られるオスマン皇帝の宝飾品のなかにあった「ターキー2」かもしれない。しかしそのほかにも，一見もっともらしい説がいくつもある。たとえばトプカプ博物館の目録には，1774年にフランスの将校がマドゥラ（インドネシア）のマハーラージャから購入したという「ピゴット」がこの「スプーンメーカー」であると書かれている。しばらくのあいだ，このダイヤモンドはナポレオン1世の母レティツィア・ボナパルトが所有していたという。

1818年に，「ピゴット」はアルバニア総督アリー・パシャのものになった。アリー・パシャは野心的な専制君主で，あまりにも力が強くなりすぎたので，1822年に彼のあるじであるオスマン帝国のスルタンが密使を送り，アリー・パシャをトルコに連れもどそうとした。その結果戦争がはじまり，戦いのあいだにアリー・パシャは致命傷を負った。彼は，自分の玉座がある部屋で死ぬ権利をあたえられた。その少し前，彼はもっとも大切なもの，つまり妻とダイヤモンドを消すよう命令をくだした。しかしその命令は実行に移されなかったので，「ピゴット」は粉々にならず，妻も生きのびた。トプカプ博物館の目録では「スプーンメーカー」と「ピゴット」は同じダイヤモンドとされているにもかかわらず，大勢の鑑定人がその説に反対している。

4 宝石の販売価格記録

世界中のすばらしい宝石の大半は，美術品競売商クリスティーズとサザビーズで取引される。以下に，最近の販売価格記録をいくつか紹介する。

無色のダイヤモンド

—100.1カラットのペア・シェープト・カットのダイヤモンド，16万5322ドル（サザビーズ，1995年5月）
—52.59カラットのエメラルド・カットのダイヤモンドで飾られた指輪，14万2232ドル（クリスティーズ，1988年4月）
—44.18カラットのブリリアント・カットのダイヤモンドで飾られた指輪，12万8282ドル（クリスティーズ，1996年4月）
—101.84カラットのダイヤモンド「モウワード・スプレンダー」，12万5294ドル（サザビーズ，1990年11月）
—ブシュロンの指輪にセットされた41.28カラットのクッション・カットのダイヤモンド「ポーラー・スター」，12万3224ドル（クリスティーズ，1980年11月）

色のついたダイヤモンド

—0.95カラットのブリリアント・カットの赤いダイヤモンド，92万6315ドル（クリスティーズ，1987年4月）
—カルティエの指輪にセットされた7.37カラットのピンクのダイヤモンド，81万5725ドル（サザビーズ，1995年11月）
—指輪にセットされた2.15カラットのブリリアント・カットのピンクのダイヤモンド，59万4371ドル（サザビーズ，1997年5月）
—ブシュロンの指輪にセットされた4.37カラットのオーバル・カットの青いダイヤモ

ンド，56万8740ドル（クリスティーズ，1995年11月）
—ダイヤモンドのネックレスにセットされた3.02カラットのペア・シェープト・カットの黄緑色のダイヤモンド，56万4570ドル（サザビーズ，1988年4月）

エメラルド

—19.77カラットのエメラルドとダイヤモンドで飾られたカルティエの指輪，ウィンザー・オークション，10万7570ドル（サザビーズ，1987年4月）
—16.38カラットのエメラルドとダイヤモンドで飾られたショーメのブローチ，9万7008ドル（クリスティーズ，1992年5月）
—5.74カラットのエメラルドとダイヤモンドで飾られたカルティエの指輪，8万487ドル（クリスティーズ，1987年4月）
—8.02カラットのコロンビア産エメラルドとダイヤモンドで飾られた指輪，7万4962ドル（サザビーズ，1996年5月）
—10.35カラットのコロンビア産エメラルドとダイヤモンドで飾られた指輪，7万840ドル（クリスティーズ，ジュネーヴ）

ルビー

—15.97カラットのクッション・カットのビルマ産ルビーで飾られた指輪，22万8252ドル（サザビーズ，1988年10月）
—16.51カラットのオーバル・カットのビルマ産ルビーで飾られた指輪，18万3942ドル（サザビーズ，1993年5月）
—16.2カラットのクッション・カットのビルマ産ルビー，16万9753ドル（クリスティーズ，1990年10月）
—12.1カラットのクッション・カットのビルマ産ルビー，16万5289ドル（クリスティーズ，1992年11月）
—10.01カラットのクッション・カットのビルマ産ルビー，16万70ドル（サザビーズ，1991年2月）

サファイア

—62.02カラットのビルマ産サファイアで飾られた指輪，4万5607ドル（サザビーズ，1988年2月）
—24.88カラットのクッション・カットのカシミール産サファイアで飾られた指輪，3万8445ドル（クリスティーズ，1987年11月）
—31.12カラットのエメラルド・カットのカシミール産サファイアで飾られた指輪，3万6328ドル（クリスティーズ，1992年5月）
—14.65カラットのカシミール産サファイアとダイヤモンドで飾られた指輪，3万5903ドル（サザビーズ，1997年2月）
—9.5カラットのクッション・カットのサファイアとダイヤモンドで飾られたティファニーの指輪，3万1263ドル（サザビーズ，1981年4月）

シルヴィ・ローレ作成

5 宝石の構造

	透明度	色	硬度	劈開《へきかい》	断口
ダイヤモンド	透明	無色, 黄, ピンク, 茶, 黒, 緑, 青	10	完全	階段状
サファイア	透明から不透明	青, 黄, 無色, 緑, ピンク, 紫, オレンジ, 黒	9	なし	貝殻状, 不平坦状, 多片状
ルビー	透明から不透明	赤	9	なし	貝殻状, 不平坦状, 多片状
エメラルド	透明から不透明	青緑, 黄緑, 暗緑	7.5〜8	なし	貝殻状, 不平坦状, 砕けやすい
説明	石のなかにインクルージョン（内包物）がなく, 透きとおって見えるかどうか。宝石の細工に関係してくる事柄。	色あいはそれぞれの宝石によって異なる。石ができるとき, 内部に化学物質が入ることで色がつく。	宝石の硬度は, 鉱物の硬度を比較するために1から10にわけられたモース硬度計を使って決められる。	宝石のなかには, 原子の結合力が弱い一定の平滑な面に沿って割れるものがある。	衝撃で宝石が割れたときに見られる断面。

結晶系	化学組成	比重	屈折率	複屈折量	分散	多色性
等軸晶系	炭素	3.52	2.42	なし	0.044	なし
三方晶系	酸化アルミニウム	4	1.759 ~1.778	0.008	0.018	青色石 紫がかった青から緑がかった青
三方晶系	酸化アルミニウム	4	1.759 ~1.778	0.008	0.018	紫がかった赤からオレンジがかった赤
六方晶系	アルミニウム珪酸塩とベリリウム	2.67	1.565 ~1.6	0.008	0.014	あざやかな青緑から黄緑
自然界に存在する宝石は，7つの結晶系にわけられる。それぞれの宝石は，つねに同じ結晶系の構造を持つ。	これらの原子が結合して，宝石の結晶ができる。	宝石の重さと，その宝石と同じ体積の水の重さの比。	空気中の光の速度と，結晶中の光の速度の比。	宝石のなかには，ふたつの屈折光線があらわれることがある。これを複屈折という。	結晶を通過する光は，色の波長にわかれて屈折する。これを分散という。	宝石のなかには，見る方向によって色が変わるものがある。結晶や石を別の方向から見たとき，2色を示すものを二色性，3色を示すものを三色性という。

6 人工宝石

	《イミテーション》		《合成宝石》	
	ガラス	ダブレット	溶融法	溶液析出法
ダイヤモンド	あり	あり	なし	フラックス法 （高温高圧法）
サファイア	あり	あり	ベルヌイ法 チョクラルスキー法	フラックス法 チャザム（アメリカ）
ルビー	あり	あり	ベルヌイ法 チョクラルスキー法	フラックス法 チャザム（アメリカ），カシャン（アメリカ），ラモーラ（アメリカ），レヒライトナー（オーストリア），クニシュカ（オーストリア）
エメラルド	あり	あり	なし	フラックス法 チャザム（アメリカ），IGファルベン（ドイツ），ツェルファス（ドイツ），ギルソン（フランス），ランス（フランス），レヒライトナー（オーストリア），京セラ（日本），ノヴォシビルスク宝石研究所（ロシア）
特徴	気泡，溶解跡，渦巻模様など，独特のインクルージョンがある。	ふたつの石を重ねて接着し，上部の平たい面が輝くようにカットしたもの。ガーネットとガラス，七宝，サファイアの薄片と合成コランダムなど。	独特のインクルージョン，成長跡がある。	霜状などのインクルージョンが見られる（ダイヤモンド以外）。合成エメラルドは屈折率と比重が天然のものよりわずかに低い。

《合成宝石》	《処理された宝石》				
溶液析出法	**熱処理**	**放射線処理**	**拡散処理**	**含浸処理**	**硬化処理**
なし	なし	あり	なし	あり（ガラス充填）	なし
なし	あり	あり（黄色のサファイア）	あり	あり（ガラス充填）	なし
なし	あり	なし	あり	あり（ガラス充填）	なし
水熱法 レヒライトナー（ドイツ），リンデ（アメリカ），リージェンシー（アメリカ），バイロン（オーストラリア）	なし	なし	なし	あり	樹脂
釘状のインクルージョンが見られるが，石そのものはたいてい澄んでいる。	色を良くするための処理。ひびや傷の部分にガラスを埋めこむガラス充填処理を行なったルビーで良く見られる。	色を変える。	石の表面を着色する。	亀裂や表面に達したインクルージョンを目立たなくする。	エメラルドのなかには，亀裂を埋めたりもろさを補うため，樹脂に浸されるものもある。

7 4大宝石の産地

Ⓢ
アメリカ合衆国
Ⓔ
コロンビア
ブラジル
ⒹⒺ
ザンビア
ボツワナ
Ⓓ：ダイヤモンド
Ⓡ：ルビー
Ⓢ：サファイア
Ⓔ：エメラルド

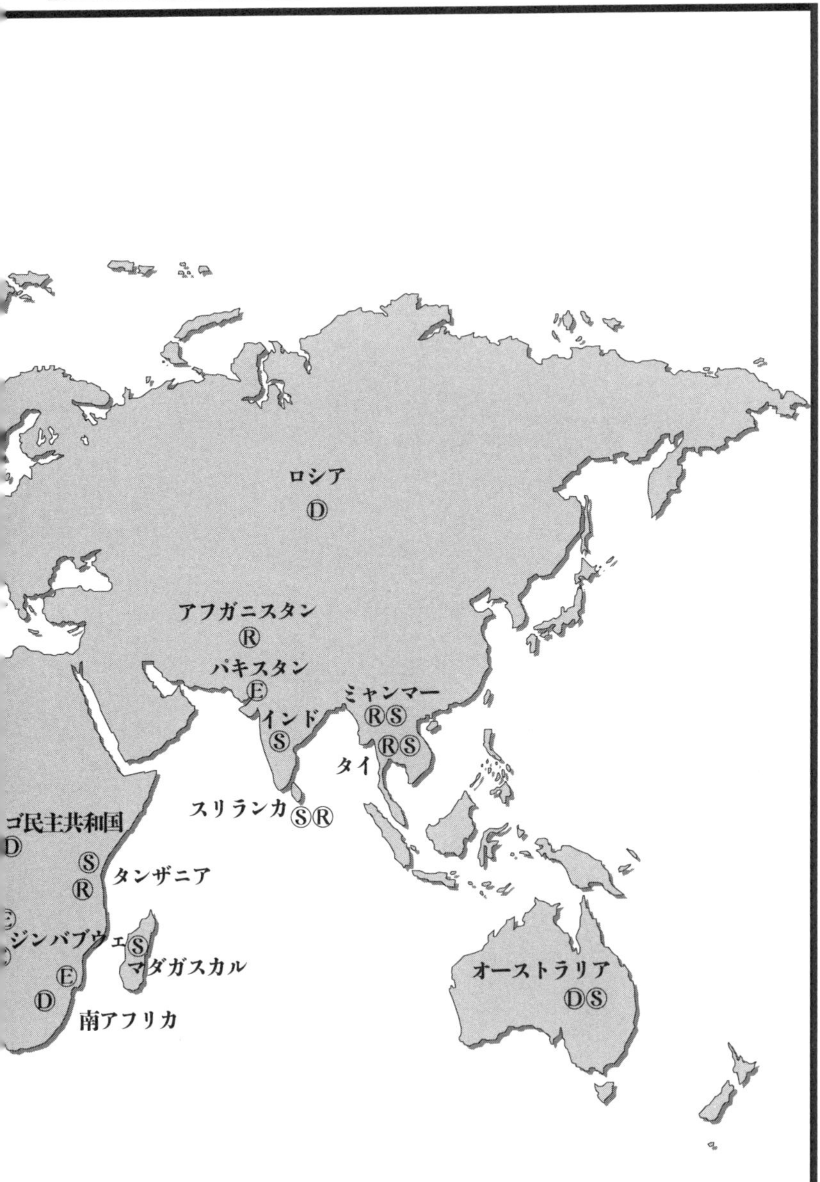
ロシア
Ⓓ
アフガニスタン
Ⓡ
パキスタン
Ⓔ
インド
Ⓢ
ミャンマー
ⓇⓈ
タイ
ⓇⓈ
スリランカ
ⓈⓇ
ゴ民主共和国
Ⓓ
Ⓢ
タンザニア
Ⓡ
ジンバブウェ
Ⓢ
マダガスカル
Ⓔ
Ⓓ
南アフリカ
オーストラリア
ⒹⓈ

宝石の歴史・関連年譜

年	事項・作品
前19世紀	中王国時代のエジプトにおいて，エメラルドが貴族階級の葬儀用装身具に用いられる。
前4世紀	「ダイヤモンドの谷の伝説」が誕生する。
前1世紀	古代ローマの博物誌家，大プリニウスが，『博物誌』の中でダイヤモンドをさす言葉として無敵のものを意味する「アダマス」という言葉を用いる。
3世紀末	ローマ皇帝ディオクレティアヌスによって，偽物の宝石を作る方法の記された文書がことごとく焼却される。
10世紀	コロンビアのムソー，チボール，コスクエス鉱山でエメラルドの採掘が始まる。
14~15世紀	宝石細工術が発達，宝石の加工が芸術の域に達する。
1304年	ペルシア語で「光の山」を意味するダイヤモンド「コーイヌール」が歴史書の中にはじめて登場する。
1447年	ベルギーのアントワープにおいて，偽物の宝石の取引を禁止する法令が出される。
1582年	ダイヤモンド・カット職人組合ができる。
1564年	ボゴタから100メートル東に位置し，チボール地方から東の標高800メートルの谷で，伝説のムソー鉱山が発見される。
17世紀初頭	イタリアのヴェネツィアにおいて，ブリリアント・カットが生まれる。
1631~68年	フランスの旅行家ジャン＝バティスト・ダヴェルニエが，インドとペルシアへ，計6回旅行し，宝石で財をなす。
1681年	ジャン＝バティスト・ダヴェルニエが『インドへの旅』の中で，はじめてダイヤモンド鉱山に関する信頼できる情報をもたらす。
1792年	フランスの盗賊ポール・ミエットが，パリの国有家具調度保管庫で公開されていたフランス王室の宝石の大半を盗み出す。
1830年	1792年に盗難にあった「ブルーの大ダイヤモンド」がロンドンで発見され，銀行家のホープによって購入される。（以後「ホープ」と呼ばれる）

1849年	「コーイヌール」が，シク王国の首都ラホールを占領したイギリス軍の所有物となる。
1851年	万国博覧会の会場クリスタル・パレスにおいて「コーイヌール」が一般公開される。
1881年	カシミール産の濃い青でビロードの光沢があるコーンフラワー色の「幻のサファイヤ」が，クディ渓谷で発見される。
1888年	セシル・ローズが世界最大のダイヤモンド産出会社デ・ビアス社を設立。
1904年	トーマス・カリナンが南アフリカのプレミア鉱山を手に入れる。翌年，世界最大のダイヤモンド「カリナン」発見。
1908年	カット職人ジョゼフ・アッシャーによって，「カリナン」が 9 個の大きな石と96個の小さな石に分割される。
1927年	南アフリカではじめてエメラルド鉱山が発見される。
1933年	ダイヤモンドの中央販売機構（CSO，現DTC）創設。
1947年	アメリカの広告会社エア社「ダイヤモンドは永遠の輝き」。
1958年	アメリカの宝石商ハリー・ウィンストンが，ワシントンのスミソニアン博物館に「ホープ」を寄贈。
1962年	「ルビーの谷」と呼ばれるミャンマーのモゴク地方の鉱山が国有化される。
1968年	11月29日の法令により，ダイヤモンド・エメラルド・ルビー・サファイヤの4大宝石が特別に価値の高い「貴石」と定められる。
1984年	美術競売商クリスティーズが，42.92カラットのペア・シェープト・カットの濃い青のダイヤモンドを1100万スイスフランで売りに出す。
1987年	クリスティーズが，ニューヨークで0.95カラットの赤いダイヤモンドを88万ドルで売却。
1991年	コルネリア・パーキンソン『石の魔力』
1993年	ヴィクター・ベニラス率いるプロダイバー・チームが，アメリカ東海岸沖にて，伝説のエメラルド「イサベル女王」を含む秘宝を発見。

INDEX

INDEX

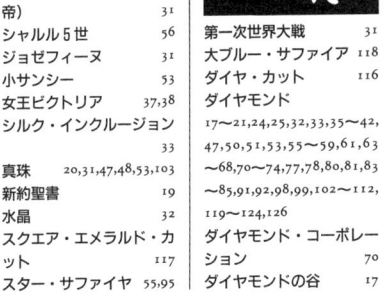

INDEX

出典（図版）

【表紙】

表紙◉カットされたダイヤモンド原石　デ・ビアス社資料部
裏表紙◉宝石商人　『ジャン・ド・マンドヴィル殿が語ったインド人の事実と意見による宝石物語』から抜粋された彩色挿絵　15世紀　フランス国立図書館
背表紙◉色のついた小さなダイヤモンド　デ・ビアス社資料部

【口絵】

5◉宝石原石　ダイヤモンド，ルビー，エメラルド，サファイア
6◉母岩中のダイヤモンド原石　南アフリカ　個人蔵
7◉1717年にフランスの摂政オルレアン公が獲得した「リージェント」と呼ばれるダイヤモンド　王冠の宝石　ルーヴル美術館　パリ
8◉スリランカ産のサファイア原石　個人蔵
9◉「ローガン・サファイア」　スリランカ産　スミソニアン博物館　ワシントン
10◉母岩中のエメラルド原石　コロンビア　国立高等鉱山学校　パリ
11◉「フッカー・エメラルド」　スミソニアン博物館　ワシントン
12◉母岩中のルビー原石　アフガニスタン　個人蔵
13◉「ロサー・リーヴス・スター・ルビー」　スリランカ産のスター・ルビー　スミソニアン博物館　ワシントン
15◉川のなかでの宝石探し　『世界の驚異と忘れがたい事柄を含んだ博物誌の秘密』から抜粋された彩色挿絵　15世紀　フランス国立図書館　パリ

【第1章】

16◉『ダイヤモンドの谷』　天文学と占い論から抜粋された彩色挿絵　1582年　フランス国立図書館　パリ
17◉方解石の母岩中のエメラルド原石　ムソー鉱山産　コロンビア
18◉アルメニアの石，軽石，悪魔の石の効能　『単純療法論』から抜粋されたページ　15世紀
19左◉ユダヤ人大祭司の胸当て　15世紀の写本から抜粋された彩色挿絵　フランス国立図書館　パリ
19右◉祭服を着たユダヤ人大祭司　J.J.ショイヒツァーの『神聖自然学』の版画　個人蔵
20左◉戦士が描かれた耳飾り　金とラピスラズリ　プレ・コロンビアン時代　黄金博物館　リマ
20右◉メディチ・コレクション内のセイレンをかたどったペンダント　ルビーと真珠　ドイツ　1580〜90年　銀器博物館　フィレンツェ
21◉『金銀細工師』　アレッサンドロ・フェイの絵画　パラッツォ・ヴェッキオ（ストゥディオーロ）　フィレンツェ
22◉『ダイヤモンド鉱山』　マーゾ・ダ・サン・フリアーノの絵画　パラッツォ・ヴェッキオ（ストゥディオーロ）　フィレンツェ
23◉『金鉱』　ヤコポ・ズッキの絵画　パラッツォ・ヴェッキオ（ストゥディオーロ）　フィレンツェ
24◉ダイヤモンドの谷　アブラハム・クレスケスの『カ

タルニャ地図』(部分) マリョルカ島 1375年ころ フランス国立図書館 パリ

25上◉『射手』 東洋の物語から抜粋された細密画

25下◉ムトフィリ女王と山でのダイヤモンド探し 『驚異の書』から抜粋された彩色挿絵 マルコ・ポーロの旅物語を集めたもの 15世紀初頭 フランス国立図書館 パリ

26◉エメラルド碑板の物語『立ちのぼる曙光』から抜粋された彩色挿絵 14〜15世紀 中央図書館 チューリヒ

27◉目がエメラルドでできた金の仮面 チムー文化 14〜15世紀初頭 黄金博物館 リマ

28◉エメラルドの枝から4本の川がわきでる木の根元にいるムハンマド ミール・ハイダルによる『ミーラージュ・ナーメ』から抜粋された彩色挿絵 東トルコ 15世紀 フランス国立図書館 パリ

29◉『ヴィシュヌが化身した魚マツヤ』 インド・パハーリー派の細密画 1750年 ブリ・シン博物館 チャンバ

30上◉『ヴラド4世ツェペシュの肖像』 16世紀ドイツ画派の絵画 ポートレート・ギャラリー インスブルック

30下◉ボヘミア王の冠 14世紀 金と真珠と宝石 聖ウィトゥス大聖堂 プラハ

31◉通称シャルルマーニュのタリスマン 金と真珠とサファイア トー宮殿 ランス

32左◉母岩中のエメラルド原石

32右◉コロンビア産エメラルド内部にある水晶のインクルージョン

33◉カットされたシャム産ルビー内部にある浸食された水晶のインクルージョン

【第2章】

34◉『宮殿内のシャー・ジャハーン』 ムガル細密画(部分) 17世紀 東洋研究所 サンクト・ペテルブルグ

35◉エルナン・コルテスとモクテスマ皇帝の会談 ディエゴ・デュランの『インディオの歴史』から抜粋された彩色挿絵 1579年 国立図書館 マドリード

36◉『ムハンマド・シャーとナーディル・シャーの会見』 ムガル細密画 18世紀 ギメ博物館 パリ

37上◉国王ジョージ6世の妻エリザベス王妃の冠 ロンドン塔 政府刊行物出版局の許可による

37下◉「コーイヌール」のカットに関する風刺画

38左◉『オーボンヌ男爵で侍臣のJ.B.タヴェルニエが4年間で行なった,トルコ,ペルシア,インドへの6回の旅』 修正版の扉 1712年 フランス国立図書館 パリ

38右◉J.B.タヴェルニエの肖像 『J.B.タヴェルニエが行なった,トルコ,ペルシア,インドへの6回の旅』の口絵 パリ G.クルジエ&C.バルバン 1678年 フランス国立図書館 パリ

39◉さまざまな宝飾品 アクバル皇帝治世下のインドが所有していた財宝目録『アーイーニ・アクバリー』から抜粋された彩色挿絵

出典(図版)

18世紀のペルシアの写本　アジア協会　カルカッタ

40左◉「ブルーの大ダイヤモンド」あるいは「タヴェルニエ・ブルー」（原石）あるいは「ホープ」ダイヤモンド（カット石）　E.ストリーターの『貴石と宝石』から抜粋された版画　1877年

40/41◉J.B.タヴェルニエがルイ14世に売ったダイヤモンド　『J.B.タヴェルニエの6回の旅』（前掲書）から抜粋された図版　フランス国立図書館　パリ

41下◉「ホープ」　E.ストリーターの『貴石と宝石』から抜粋された版画　1877年

42◉金とエメラルドあるいはベリルの結晶がはめこまれたカメオで飾られた耳飾り　エジプト産　3世紀　個人蔵

42/43◉ナイル川と紅海のあいだにある砂漠のルート図　ザバラ山，エメラルド鉱山，硫黄鉱山，エジプト＝インド間のかつての通商路の遺跡　カイヨー氏の旅程とエジプト全図をもとに作成したもの　『テーベのオアシスとテーベの東西にある砂漠の旅』から抜粋された図版　パリ　1821年　フランス国立図書館　パリ

43上◉セッケト（ベンダル，ケビルとも呼ばれる）の町の光景　『テーベのオアシスとテーベの東西にある砂漠の旅』から抜粋された図版　パリ　1821年　フランス国立図書館　パリ

43下◉クレオパトラ鉱山産のエメラルドで飾られた2本指の指輪　前1世紀　個人蔵

44左◉金とカボション・カットのエメラルドでできた十字架

44右◉「イサベル女王」　1993年にヴィクター・ベニラスのチームがアメリカ東海岸沖で発見したエメラルド

45上◉宝石　同上

45下◉メキシコに入り，モクテスマ皇帝にむかえられるコルテス　A.ソリスの絵画　1800年ころ　アメリカ博物館　マドリード

46◉異端審問所のペンダント　17世紀後半　大英博物館　ロンドン

46/47◉『16世紀ラテン・アメリカの鉱山で働く奴隷たち』（部分）　フランス国立図書館　パリ

47◉通称「レチュガ」といわれる聖体顕示台　コロンビアのムソー鉱山産エメラルドを1486個飾ったもの

48◉『シャー・ジャハーン』　アブル・ハッサンの絵画　17世紀　ヴィクトリア・アンド・アルバート美術館　ロンドン

49上◉モゴクの谷　ビルマ（ミャンマー）　地図

49下◉ルビーがはめこまれた白ヒスイの瓶　ムガル派　17世紀末　ヴィクトリア・アンド・アルバート美術館　ロンドン

50/51◉『ルイ15世広場』　A.J.ノエルの絵画　カルナヴァレ博物館　パリ

50下◉ポーランドの鷲をかたどった留め金　ドイツ　17世紀　ルーヴル美術館　パリ

51上◉1757～73年まで王室の宝石細工師だったジャックマンによる聖霊騎士団のバッジ　18世紀　ルーヴル

出典(図版)

美術館　パリ
51下◉「オルタンシア」ダイヤモンド　ルイ14世が獲得したもの　ルーヴル美術館　パリ
52◉『フランス王妃マリー・ド・メディシス』　フランス・プルビュス2世の絵画　ルーヴル美術館　パリ
53左◉フランスとナバラの王ルイ15世　ジャン・バティスト・ヴァン・ローの絵画　宮殿博物館　ヴェルサイユ
53右◉ローラン&クロード・ロンドが納入したルイ15世の聖別式のための金メッキした銀の冠　オーギュスタン・デュフロが制作したもの　ルーヴル美術館　パリ
54上◉ルイ14世の大ブルー・サファイア　セイロン　国立自然史博物館　パリ
54/55◉「インドの星」　スター・サファイア　スミソニアン博物館　ワシントン
55上◉セイロンの山岳地方の川での宝石探し　『驚異の書』から抜粋された彩色挿絵　マルコ・ポーロの旅物語を集めたもの　写本　15世紀初頭　フランス国立図書館
56上◉宝石のカット例　ハンス・ミューリヒによって羊皮紙に描かれた絵画　1551年　バイエルン国立博物館　ミュンヘン
56下/57◉宝石を磨く宝石細工師　19世紀のインド・ヨーロッパ語族の写本　IOL　ロンドン
58◉『アントワープのマルディ・グラ』　エラスムス・ド・ビの絵画　1660年ころ　イクセル美術館　ブリュッセル
58/59◉19世紀のダイヤモンド細工所の模型　ダイヤモンド博物館　アントワープ
60上◉いくつもの有名なダイヤモンド　ディドロ&ダランベールの『百科全書』の図版　18世紀　フランス国立図書館　パリ
60下◉ダイヤモンド細工師の研磨機を正面から見た実測図と研磨盤中央の断面図　同上
61上◉金銀細工師兼宝石細工師　宝石はめこみ職人　同上
61下◉ダイヤモンド細工師　作業中の職人たち　ひとりが油にといたダイヤモンド粉末を研磨盤につけ，もうひとりが研磨盤を動かす輪をまわしているところ　同上

【第3章】

62◉1883年6月30日の「ビッグ・ホール」の鉱区分布図と，1880年ころのキンバリー市場の大広場　デ・ビアス社資料部　ロンドン
63◉「ユーレカ」ダイヤモンド　鉱山博物館　キンバリー
64/65下◉ダイヤモンドを探す人びと　南アフリカ　1872年
65上◉南アフリカの地図
66上◉コールズバーグ・コピエ鉱山　E.ストリーターの『貴石と宝石』から抜粋された写真　1877年
66下◉南アフリカの鉱山から採掘されたダイヤモンド　G.F.ウィリアムズの『南アフリカのダイヤモンド鉱山』から抜粋された版画　1902年
67◉1878年のキンバリー鉱山　デ・ビアス社資料部　ロンドン

出典（図版）

68◉20世紀初頭のデ・ビアス鉱山　デ・ビアス社資料部　ロンドン
68/69◉セシル・ローズがキンバリー・セントラル社を買いとったときの小切手　デ・ビアス社資料部　ロンドン
69下◉セシル・ジョン・ローズの肖像　デ・ビアス社資料部　ロンドン
70◉オッペンハイマー一家　デ・ビアス社資料部　ロンドン
70/71◉採掘権を得るために競走する人びと　リヒテンバーグ　1926年　デ・ビアス社資料部　ロンドン
72左◉ロンドンのDTC（中央販売機構）本部
72/73◉ダイヤモンド原石　デ・ビアス社資料部　ロンドン
73◉デ・ビアス鉱山から産出したダイヤモンドの選別　20世紀初頭の写真　デ・ビアス社資料部　ロンドン
74/75◉「カリナン」　『イラストレーテッド・ロンドン・ニューズ』から抜粋された記事　1908年
75上◉ロイヤル・アッシャー社のメンバー　同上
76◉「カリナン２」　冠にセットされたもの　ロンドン塔　政府刊行物出版局の許可による　ロンドン
77左◉「カリナン１」「カリナン２」「カリナン３」　ロンドン塔　政府刊行物出版局の許可による　ロンドン
77右◉「カリナン１」　大英帝国の杖にセットされたもの　ロンドン塔　政府刊行物出版局の許可による　ロンドン
78◉ダイヤモンド原石に見られるトライゴン
80◉「センテナリー」　ダイヤモンド原石　デ・ビアス社資料部　ロンドン
81上◉「センテナリー」のカット　デ・ビアス社資料部　ロンドン
81下◉「センテナリー」　カットされたダイヤモンド　デ・ビアス社資料部　ロンドン
82◉ネックレスにつるされた「ホープ」を身につけたマクリーン夫人
82/83◉インドールのマハーラージャ，ラオ・ホールカル３世の肖像　ブーテ・ド・モンヴェルの絵画　個人蔵
83◉ヴァン・クリーフ&アーペルの王冠型髪飾りを身につけたエリザベス・テーラー
84上◉「ゴールデン・マハーラージャ」　アメリカ自然史博物館　ニューヨーク
84下◉「ティファニー」　キンバリー産ダイヤモンド　ティファニー社　ニューヨーク
85上◉「ラージ・レッド」　インド・ゴルコンダ鉱山産の赤いダイヤモンド
85下◉「コンデ」　ペア・シェープト・カットのピンクのダイヤモンド　コンデ美術館　シャンティイ

【第4章】

86◉カラー・ストーン　ルビー，エメラルド，サファイア
87◉コロンビアのエメラルド原石
88/89◉ムソー鉱山で働く不法な採掘者たち　コロンビア
90◉ザンビアのエメラルド鉱山
91◉さまざまな色のサファ

出典(図版)

イア
92◉「デロング・スター・ルビー」　ビルマ（ミャンマー)産スター・ルビー　スミソニアン博物館　ワシントン
92/93◉ルビー市場　モゴク　ビルマ（ミャンマー）
93上◉タイにおける原石の取引
94◉宝石を選りわけて探す人　スリランカ
95◉パパラチャ・サファイア　スリランカ産　アメリカ自然史博物館　ニューヨーク
96◉紙幣のなかにしまわれたマダガスカルの石
97◉坑道を掘る採掘者　アンドラノンダンボ鉱山　マダガスカル
98左◉ネパールの元首相，シンドのマハーラージャ
98上◉デ・ビアス社の宣伝ポスター　日本
98下◉プラチナにサファイアとブリリアント・カットのダイヤモンドが敷きつめられ，両目に淡黄色のダイヤモンドがはめこまれたヒョウのブローチ　152.35カラットのカボション・カットのサファイアにのせられたもの　1949年　カルティエ　パリ
99◉戴冠式の日のファラ王妃
100◉インドの宝石カット職人

【資料篇】

101◉宝石探し　『驚異と忘れがたい事柄を含んだ博物誌』から抜粋された彩色挿絵　フランス国立図書館
102◉バダクシャン王の命令によるシグナン山のルビーの採掘　『驚異の書』から抜粋された彩色挿絵　マルコ・ポーロの旅物語を集めたもの　前掲書　フランス国立図書館　パリ
104◉『J.B.タヴェルニエの6回の旅』　前掲書　フランス国立図書館　パリ
105/106◉著者がヨーロッパとアジアで見た非常に大きく美しいルビーの注記　『J.B.タヴェルニエの6回の旅』の挿絵の版画　前掲書　フランス国立図書館　パリ
107◉ゴルコンダ　ゴルコンダ王の墓の光景　版画　19世紀
109◉ダイヤモンドの価格の計算例。
110◉著者がインドで見た非常に大きく美しいダイヤモンドの注記　No.1「グレート・ムガル」　No.3「グレート・テーブル」　『J.B.タヴェルニエの6回の旅』の挿絵の版画　前掲書　パリ
116◉ダイヤモンドの研磨　ヤン・ルイケンの『人間の仕事の描写』からの抜粋　1694年
116/117◉ダイヤモンドのさまざまなカット
118◉78.8カラットのダイヤモンド　クリスティーズ　1997年11月

参考文献

『完璧版　宝石の写真図鑑　オールカラー世界の宝石130』　キャリー・ホール著　日本語版監修砂川一郎　宮田七枝訳　日本ヴォーグ社（地球自然ハンドブック）（1996年）

『結晶・宝石図鑑』　R.F.シムス／R.R.ハーディング著　日本語版監修伊藤恵夫　あすなろ書房（「知」のビジュアル百科2）（2004年）

『結晶と宝石　結晶と宝石の魅惑の世界―その美，利用法，構造，種類を探る』　R.F.シムス／R.R.ハーディング著　同朋舎出版（ビジュアル博物館　第25巻）（1992年）

『著名なダイヤモンドの歴史』　イアン・バルフォア著　山口遼訳／監修　徳間書店（1990年）

『宝石』　エルンスト・A.ハイニガー／ジャン・ハイニガー編　菱田安彦訳　平凡社（1976年）

『ダイヤモンド　輝きへの欲望と挑戦』　マシュー・ハート著　鬼澤忍訳　早川書房（2002年）

『ダイヤモンドの謎　永遠の輝きに魅入られた人々』　山口遼著　講談社（講談社＋α新書）（2001年）

『ダイヤモンドの話』　砂川一郎著　岩波書店（岩波新書）（1964年）

『宝石1』　春山行夫著　平凡社（春山行夫の博物誌IV）（1989年）

『華麗なる宝石物語』　桐生操著　NTT出版（気球の本）（1997年）

CRÉDITS PHOTOGRAPHIQUES

A. D Ventures Inc./Victor Benilous, Floride 44h,44b,45h. American Museum of Natural History, New York 84h,95. Archives De Beers, Londres 62,63,67,68,68 - 69,69b,70h,70 - 71,72 - 73.73b.78.79,80,81h,81b,98h. Archives Gallimard 19d,25h,37b,38h,40g,40-41,41b,66h,66b,72g,74-75. Artephot 53b Bayerisches Nationalmuseum. Munich 56h. Nelly Bariand 5,6,8,10,12. Bibliothèquc nationale de France 15,16,19g,24,25b,38b,42 - 43,43h,46 - 47,55,101,102,105,109 Cartier/D.R.98g. Cartier/L. Tirilly 98d.Christies, Paris 122. Claire de Cunha 32d,33. G. Dagli Orti 20g,20d,27,45b. D.R.47d,106,114 - 115. Gamma/B. Edelhass 82,83g.85h. Gentilhomme14. Giraudon35,85b. Her Majesty's Stationary Office, Londres 37h,76,77. C. Lepetit 86. Magnum/B. Barbey 94. Magnum/E. Lessing 40h,40b,41. Magnum/F. Mayer 75d. Magnum/M. Silverstone 99. Roland et Sabrina Michaud 28,29,34,39,56b,57. Musée d'Elsene. Bruxelles 57h. Musée du Diamant, Anvers 58 - 59. Muséum national d'histoire naturellc, Paris 54. Muséum national d'histoire naturelle/M. Viard. Paris 124. Sophie Pécresse 49h,65. Photothèque des musées de la Ville de Paris 50 - 51h. Réunion des Musées Nationaux 7,36,50b,51h,51b,52,53. Roger Violler 60,61,65b. Scala 21,22,23. Smithsonian Institution Washington 9,11,13,54 - 55,92h. StudioB/Black Star/Fred Ward42g,42b,46g,87,90. Studio B/Black Star/R Emblin 88 - 89 Sygma/P. Entremont91. Sygma/D. Auber92,93b,112. Tiffany and Cie, New York 84b. Victoria and Albert Museum, Londre 48,49b. P. Voillot 17,32g,93h,96,97. Zentralbibliothek, Zurich26.

[著者]**パトリック・ヴォワイヨ**

薬学博士。国立宝石学研究所卒。8歳のときから鉱物学と宝石学に熱中し，現在では世界中の鉱山を訪れて，採掘される石や作業にたずさわる人びとの様子を見てまわっている。「鉱物と宝石」シリーズ（アトラス社，1996年）の監修者で，アクアマリンを探すドキュメンタリー映画の監督でもある。…………………………

[監修者]**ヒコ・みづの**

水野孝彦。1939年生まれ。東京都立大学理学部物理学科卒。1966年宝石彫金アトリエを開設し，1983年に学校法人水野学園，専門学校ヒコ・みづのジュエリーカレッジとして東京都に認可され，学校長となる。現理事長。著者に『彫金教室』『宝石デザイン教室Ⅰ，Ⅱ，Ⅲ（全3巻共著）』（創元社刊），『ジュエリーバイブル（共著）』（美術出版社）などがある。…………………………………………

[訳者]**遠藤《えんどう》ゆかり**

1971年生まれ。上智大学文学部フランス文学科卒。訳書に本シリーズ84，93，97，100，102，106〜109，114〜117，121〜124，126，『私のからだは世界一すばらしい』（東京書籍）などがある。………

「知の再発見」双書127

宝石の歴史

2006年 6 月10日第1版第1刷発行
2022年10月20日第1版第6刷発行

著者　パトリック・ヴォワイヨ
監修者　ヒコ・みづの
訳者　遠藤ゆかり
発行者　矢部敬一
発行所　株式会社 創元社
本　社❖大阪市中央区淡路町4-3-6 TEL(06)6231-9010㈹
FAX(06)6233-3111
URL❖https://www.sogensha.co.jp/
東京支店❖東京都千代田区神田神保町1-2田辺ビル
TEL(03)6811-0662㈹
造本装幀　戸田ツトム
印刷所　図書印刷株式会社

落丁・乱丁はお取替えいたします。
 ISBN 978-4-422-21187-9

◎好評既刊◎

B6変型判/カラー図版約200点

「知の再発見」双書
美術シリーズ27点

③ゴッホ
嘉門安雄〔監修〕

⑧ゴヤ
堀田善衛〔監修〕

⑬ゴーギャン
高階秀爾〔監修〕

㉛ピカソ
高階秀爾〔監修〕

㊼マティス
高階秀爾〔監修〕

(55)ルノワール
高階秀爾〔監修〕

(67)モネ
高階秀爾〔監修〕

(77)ギュスターヴ・モロー
隠岐由紀子〔監修〕

(79)レオナルド・ダ・ヴィンチ
高階秀爾〔監修〕

(87)シャガール
高階秀爾〔監修〕

(92)セザンヌ
高階秀爾〔監修〕

(94)ラファエル前派
高階秀爾〔監修〕

(98)レンブラント
高階秀爾〔監修〕

(121)ジョルジュ・ド・ラ・トゥール
高橋明也〔監修〕

(107)**ガウディ**　千足伸行〔監修〕
(115)**ルーヴル美術館の歴史**　高階秀爾〔監修〕
(116)**ヴェルサイユ宮殿の歴史**　伊藤俊治〔監修〕
(123)**グラフィック・デザインの歴史**　柏木博〔監修〕
(124)**ロダン**　高階秀爾〔監修〕
(125)**カミーユ・クローデル**　湯原かの子〔監修〕
(126)**ル・コルビュジエ**　藤森照信〔監修〕
(128)**ターナー**　藤田治彦〔監修〕
(130)**ダリ**　伊藤俊治〔監修〕
(133)**ロートレック**　千足伸行〔監修〕
(137)**マネ**　藤田治彦〔監修〕
(142)**フリーダ・カーロ**　堀尾真紀子〔監修〕
(143)**アンリ・カルティエ=ブレッソン**　伊藤俊治〔監修〕